W0268892

Beschaffenheit der Manuskripte
Die Manuskripte werden photomechanisch vervielfältigt; sie müssen daher in sauberer
Schreibmaschinenschrift geschrieben sein. Handschriftliche Formeln bitte nur mit schwarzer
Tusche eintragen. Notwendige Korrekturen sind bei dem bereits geschriebenen Text entweder durch Überkleben des alten Textes vorzunehmen oder aber müssen die zu korrigie-
renden Stellen mit weißem Korrekturlack abgedeckt werden. Falls das Manuskript oder
Teile desselben neu geschrieben werden müssen, ist der Verlag bereit, dem Autor bei Erscheinen seines Bandes einen angemessenen Betrag zu zahlen. Die Autoren erhalten 75 Frei-
exemplare.

Zur Erreichung eines möglichst optimalen Reproduktionsergebnisses ist es erwünscht, daß
bei der vorgesehenen Verkleinerung der Manuskripte der Text auf einer Seite in der Breite
möglichst 18 cm und in der Höhe 26,5 cm nicht überschreitet. Entsprechende Satzspiegel-
vordrucke werden vom Verlag gern auf Anforderung zur Verfügung gestellt.

Manuskripte, in englischer, deutscher oder französischer Sprache abgefaßt, nimmt Prof. Dr.
M. Beckmann, Department of Economics, Brown University, Providence, Rhode Island
02912/USA oder Prof. Dr. H. P. Künzi, Institut für Operations Research und elektronische
Datenverarbeitung der Universität Zürich, Sumatrastraße 30, 8006 Zürich entgegen.

Cette série a pour but de donner des informations rapides, de niveau élevé, sur des développe-
ments récents en économétrie mathématique et en recherche opérationnelle, aussi bien dans
la recherche que dans l'enseignement supérieur. On prévoit de publier

1. des versions préliminaires de travaux originaux et de monographies

2. des cours spéciaux portant sur un domaine nouveau ou sur des aspects nouveaux de
   domaines classiques

3. des rapports de séminaires

4. des conférences faites à des congrès ou à des colloquiums

En outre il est prévu de publier dans cette série, si la demande le justifie, des rapports de
séminaires et des cours multicopiés ailleurs mais déjà épuisés.

Dans l'intérêt d'une diffusion rapide, les contributions auront souvent un caractère provi-
soire; le cas échéant, les démonstrations ne seront données que dans les grandes lignes. Les
travaux présentés pourront également paraître ailleurs. Une réserve suffisante d'exemplaires
sera toujours disponible. En permettant aux personnes intéressées d'être informées plus
rapidement, les éditeurs Springer espèrent, par cette série de »prépublications«, rendre
d'appréciables services aux instituts de mathématiques. Les annonces dans les revues spécia-
lisées, les inscriptions aux catalogues et les copyrights rendront plus facile aux bibliothèques
la tâche de réunir une documentation complète.

Présentation des manuscrits
Les manuscrits, étant reproduits par procédé photomécanique, doivent être soigneusement
dactylographiés. Il est recommandé d'écrire à l'encre de Chine noire les formules non
dactylographiées. Les corrections nécessaires doivent être effectuées soit par collage du
nouveau texte sur l'ancien soit en recouvrant les endroits à corriger par du verni correcteur
blanc.

S'il s'avère nécessaire d'écrire de nouveau le manuscrit, soit complètement, soit en partie, la
maison d'édition se déclare prête à verser à l'auteur, lors de la parution du volume, le
montant des frais correspondants. Les auteurs recoivent 75 exemplaires gratuits.

Pour obtenir une reproduction optimale il est désirable que le texte dactylographié sur une
page ne dépasse pas 26,5 cm en hauteur et 18 cm en largeur. Sur demande la maison
d'édition met à la disposition des auteurs du papier spécialement préparé.

Les manuscrits en anglais, allemand ou francais peuvent être adressés au Prof. Dr. M. Beckmann, Department of Economics, Brown University, Providence, Rhode Island 02912/USA
ou au Prof. Dr. H.P. Künzi, Institut für Operations Research und elektronische Datenverarbeitung der Universität Zürich, Sumatrastraße 30, 8006 Zürich.

Lecture Notes in
Operations Research and
Mathematical Systems

Economics, Computer Science, Information and Control

Edited by M. Beckmann, Providence and H. P. Künzi, Zürich

57

E. Freund

Deutsche Forschungs- und Versuchsanstalt
für Luft- und Raumfahrt e. V., Institut für Dynamik
der Flugsysteme

Zeitvariable
Mehrgrößensysteme

Springer-Verlag
Berlin · Heidelberg · New York 1971

AMS Subject Classifications (1970): 93 C 50

ISBN-13: 978-3-540-05685-0   e-ISBN-13: 978-3-642-48185-7
DOI: 10.1007/978-3-642-48185-7

<u>Vorwort</u>

Diese Arbeit wurde in dem Institut für Dynamik der Flugsysteme der Deut-
schen Forschungs- und Versuchsanstalt für Luft- und Raumfahrt e.V. (DFVLR),
Oberpfaffenhofen und im Rahmen eines ESRO-fellowship als "visiting scien-
tist" bei dem Operations Center of the European Space Research Organization
(ESOC), Darmstadt angefertigt. Beiden Organisationen gilt mein Dank für die
Unterstützung dieser Arbeit. Besonderer Dank gebührt dabei Herrn Professor
Dr.-Ing. G. Brüning, dem damaligen Direktor des Institutes für Dynamik der
Flugsysteme, der mir die Möglichkeit gab, die zugrunde liegenden Forschungs-
arbeiten an dem Institut durchzuführen. Herrn Professor Dr. phil. nat.
G. Schneider und Herrn Professor Dr.-Ing. R. Unbehauen bin ich für Diskus-
sionen über diese Arbeit und wertvolle Anregungen zu Dank verpflichtet.
Ebenso gilt mein Dank Herrn Professor Dr. L.M. Silverman von der University
of Southern California für förderliche wissenschaftliche Kontakte und Be-
sprechungen über die vorliegende Arbeit. Für das Schreiben des Manuskriptes
danke ich Frl. Schaupp im Institut für Dynamik der Flugsysteme.

Darmstadt, im März 1971   E. Freund

Inhalt

Bezeichnungen

Matrizen und Vektoren sind im Gegensatz zu skalaren Größen unterstrichen,
wobei Matrizen durch große und Vektoren durch kleine Buchstaben dargestellt
werden.

$\underline{A}'$	Transponierte von $\underline{A}$
$\underline{\dot{A}}$, $(\underline{A})^{\cdot}$	einmalige Differentiation von $\underline{A}$ bezüglich der Zeit
$\underline{A}^{(m)}$	m-malige Differentiation von $\underline{A}$ bezüglich der Zeit
t	Zeit
$\underline{A}$, $\underline{B}$, $\underline{C}$	Zustands-, Eingangs- bzw. Ausgangsmatrix eines allgemeinen Systems
$\underline{x}$, $\underline{u}$, $\underline{y}$	Zustands-, Eingangs- bzw. Ausgangsvektor eines allgemeinen Systems
$\underline{T}$	allgemeine nichtsinguläre Transformationsmatrix
$\underline{z}$	Zustandsvektor eines äquivalenten Systems
$\underline{Q}_c$, (bzw. $\underline{Q}$)	Steuerbarkeitsmatrix
$\underline{Q}_o$	Beobachtbarkeitsmatrix

zeitvariable Operatoren für k=1,2,...

$L_A^{*k}\underline{B}$

$$L_A^{*k}\underline{B} = \underline{A} \cdot (L_A^{*k-1}\underline{B}) - (L_A^{*k-1}\underline{B})^{\cdot} \qquad L_A^{*o}\underline{B} = \underline{B}$$

$L_A^{k}\underline{C}$

$$L_A^{k}\underline{C} = (L_A^{k-1}\underline{C}) \cdot \underline{A} + (L_A^{k-1}\underline{C})^{\cdot} \qquad L_A^{o}\underline{C} = \underline{C}$$

O_A	allgemeiner Übertragungsoperator für das Eingang-Ausgang-Verhalten
$\underline{I}$, $\underline{I}_q$	allgemeine Einheitsmatrix bzw. qxq Einheitsmatrix
$\underline{O}$	Nullmatrix
$\underline{b}_i$	i-te Spalte von $\underline{B}$
$\underline{c}_i$	i-te Zeile von $\underline{C}$

y_i i-te Komponente des Vektors $\underline{y}$

ρ_i i-te Differenzordnung (Definition in Abschnitt 4.1 bzw. 8.3)

λ_i i-ter Eigenwert

i-te Komponente des Vektors $\underline{y}$

i-te Differenzordnung (Definition in Abschnitt 4.1 bzw. 8.3)

i-ter Eigenwert

1. Einleitung

Bei der Lösung regelungstheoretischer Probleme mit Hilfe der modernen Systemtheorie treten zwei Systemeigenschaften in den Vordergrund, die als Grundlage einer Systemklassifizierung dienen können. Die beiden Eigenschaften sind "Linearität" und "Zeitabhängigkeit" und die darauf aufbauenden Systemklassen sind "Lineare Systeme" und "Nichtlineare Systeme" beziehungsweise "Zeitinvariante Systeme" und "Zeitvariable Systeme". Die jeweils erstgenannten Systeme stellen dabei den Spezialfall dar, d.h. die "Linearen Systeme" sind in den "Nichtlinearen Systemen" und die "Zeitinvarianten Systeme" sind in den "Zeitvariablen Systemen" enthalten. Man könnte noch als dritte untergeordnete "Klassifizierung" die Unterscheidung von "Systemen mit einem Eingang und einem Ausgang"(Eingrößensysteme) und von "Mehrgrößensystemen" einführen, wobei diese Aufteilung nicht (wie in den beiden ersten Fällen) durch eine Systemeigenschaft, sondern durch die speziellen Probleme bei mehreren Eingängen und mehreren Ausgängen begründet ist. Die Systeme mit einem Eingang und einem Ausgang können dabei wiederum als Spezialfall angesehen werden. Das folgende Schema stellt den Zusammenhang dieser Systeme dar.

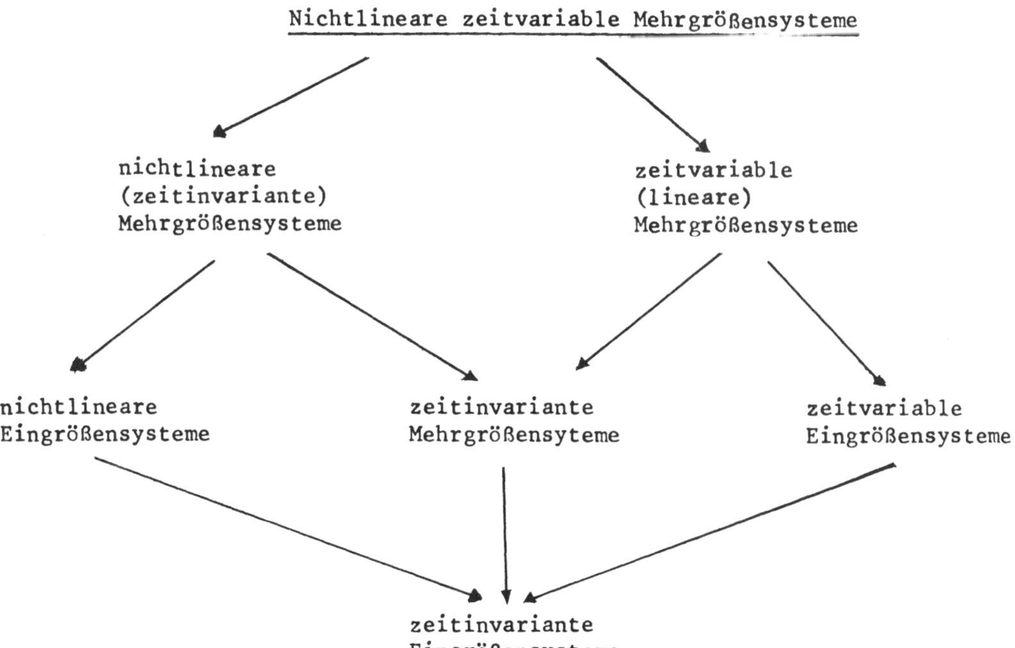

Für das tiefere Verständnis und die prinzipielle Lösung von regelungstheoretischen Problemen eignen sich Methoden, die die strukturellen Systemeigenschaften (wie z.B. Beobachtbarkeit, Invertierbarkeit usw.) in Verbindung mit einer im Prinzip analytischen Denkweise als Grundlage der Synthese ansehen. Benutzt man diese Vorgehensweise bei den dargestellten Systemklassen, so lassen sich im wesentlichen die folgenden Tendenzen aufzeigen. Über die umfassenste Klasse, die nichtlinearen zeitvariablen Mehrgrößensysteme, ist bei dem heutigen Stand der Entwicklung keine Aussage möglich. Um Probleme für Systeme dieser Art zu lösen, ist deshalb eine Zurückführung auf die nächsten beiden Systemklassen, das heißt auf nichtlineare (zeitinvariante) Mehrgrößensysteme beziehungsweise auf zeitvariable (lineare) Mehrgrößensysteme erforderlich. Der Übergang auf nichtlineare Systeme mit konstanten Koeffizienten beinhaltet die Elimination oder wenigstens die Eingrenzung des zeitvariablen Charakters, was nur in speziellen Fällen möglich ist. Hinzu kommt, daß für die nichtlinearen Mehrgrößensysteme keine geschlossene Theorie besteht, sondern Aussagen meist nur für bestimmte Typen von nichtlinearen Systemen möglich sind. Weiterhin haben die Verfahren zur Behandlung von nichtlinearen Systemen meist die Systemlinearisierung und damit eine zweite Näherung des Systems zur Grundlage.

Es ist daher in vielen Fällen sinnvoll, den zweiten Weg vorzuziehen, das heißt das nichtlineare zeitvariable Mehrgrößensystem durch ein zeitvariables (lineares) Mehrgrößensystem anzunähern. Das nichtlineare Verhalten muß dabei entweder durch eine direkte Linearisierung beseitigt werden oder durch eine Umformulierung beziehungsweise Umstrukturierung des Systems in ein zeitvariables Verhalten überführt werden. Die regelungstheoretische Behandlung von zeitvariablen Mehrgrößensystemen in der eingangs erwähnten Weise ist bei dem heutigen Entwicklungsstand möglich und wird erstmals in der vorliegenden Arbeit in umfassender Form dargestellt. Die zugrunde gelegten zeitvariablen Mehrgrößensysteme müssen dabei allerdings bestimmten Bedingungen genügen, die später im einzelnen aufgeführt werden.

Vor der Charakterisierung der behandelten zeitvariablen Mehrgrößensysteme soll zunächst die Entwicklung dieses regelungstheoretischen Gebietes erwähnt werden. Die Ergebnisse sind naturgemäß durch die Erweiterung von Methoden einer speziellen Systemklasse auf die nächst umfassendere, also in dem dargestellten Schema in umgekehrter Pfeilrichtung, erzielt worden. Wenn man Methoden, die für Systeme mit konstanten Koeffizienten gelten, auf zeitvariable Systeme verallgemeinern will, so besteht die folgende Schwierigkeit. Die Laplace-Transformation läßt sich nicht auf diese Systeme anwenden, wodurch eine Reihe von bewährten Verfahren nicht übertragen werden können. Man versuchte, diesem Problem durch einen analog definierten zeitvariablen Frequenzgang [1] zu begegnen; dieser Zugang hat jedoch trotz einiger nachfolgender Arbeiten keine entscheidenden Ergebnisse gebracht. Auch die Betrachtung von zeitvariablen Systemen auf der Grundlage der Gewichtsfunktion, z.B. [2], ist auf einzelne Methoden beschränkt geblieben. Die Möglichkeiten in der Behandlung von zeitvariablen Systemen bei einer "klassischen" Vorgehensweise sind in [3] und unter Einfügung einiger moderner Gesichtspunkte in [4] dargestellt. Die moderne Richtung in der Untersuchung von zeitvariablen Systemen ist durch prinzipielle Ansätze sowie durch einzelne Verfahren 1963 in [5] eingeleitet worden. Ein entsprechender Beitrag zu der heutigen Betrachtungsweise sind weiterhin die 1965 und 1966 erschienenen Arbeiten [6], [7], in denen Möglichkeiten bei der Anwendung eines spezifisch zeitvariablen Operators aufgezeigt werden.

Die Aufgabe dieser Arbeit liegt darin, für die Regelung von zeitvariablen Mehrgrößensystemen Methoden anzugeben, die zugleich auch einen Einblick in die regelungstechnischen Zusammenhänge ermöglichen und prinzipielle Untersuchungen gestatten. Diese Methoden müssen daher auf analytischen Überlegungen und einer strukturellen Betrachtungsweise aufbauen. Für diese Zielsetzung ist es sinnvoll, die behandelte Klasse von zeitvariablen Mehrgrößensystemen auf kontinuierliche, deterministische Systeme mit konzentrierten Parametern zu begrenzen und die zeitvariablen Koeffizienten in allgemeiner Form, jedoch als genügend oft stetig differenzierbar anzunehmen. Erst auf dieser Grundlage kann eine geschlossene und übersichtliche Darstellung des Themas durchgeführt werden, wobei eine Lokerung der Annahmen und Erweiterungen prinzipiell möglich sind.

Um den Umfang der Arbeit zu beschränken, werden ausschließlich zeitvariable Mehrgrößensysteme behandelt, obwohl einige der Verfahren auch für Mehrgrößensysteme mit konstanten Koeffizienten von Bedeutung sind. Die entsprechenden Beziehungen für diese Systeme sowie für zeitvariable Eingrößensysteme sind aber stets enthalten und können durch eine Spezialisierung der allgemeinen Formeln hergeleitet werden. Die vorliegende Arbeit beruht auf einer spezifisch zeitvariablen Betrachtungsweise, das heißt die zeitvariablen Systeme werden als eigenständige Systeme aufgefaßt und nicht nur durch Näherungen auf zeitinvariante Systeme zurückgeführt. Eine derartige Zurückführung auf Systeme mit konstanten Koeffizienten geschieht beispielsweise bei den Verfahren zur Behandlung von zeitvariablen Systemen, denen eine Näherung der zeitvariablen

Koeffizienten durch stückweise konstante Koeffizienten zugrunde liegt. Dieser Zugang ist für die vertiefte regelungstheoretische Untersuchung von zeitvariablen Mehrgrößensystemen prinzipiell nicht geeignet, ist jedoch als Spezialfall in den hier durchgeführten Untersuchungen enthalten.

Die vielfältigen Problemstellungen, die bei der Strukturuntersuchung und Regelung von zeitvariablen Mehrgrößensystemen auftreten, setzen sich im wesentlichen aus einigen grundsätzlichen Themenkreisen zusammen. Diese Themen sind im folgenden aufgeführt, wobei die entsprechenden Kapitel dieser Arbeit in den Klammern hinzugefügt sind: Die grundlegende Systemdarstellung einschließlich des Reduzierungsproblems (Kapitel 2), die kanonischen Formen (Kapitel 3), die Entkopplung (Kapitel 4), der Entwurf und die Stabilisierung von Systemen mit Zustandsvektorrückkopplung (Kapitel 5), die Konstruktion von Beobachtern (Kapitel 6), das Inversionsproblem (Kapitel 7) und die Synthese vermaschter Systeme (Kapitel 8). Für die Stabilitätsuntersuchung und die optimale Regelung wird auf die entsprechenden Bücher verwiesen, da es sich hierbei um eigene, umfangreiche Problemkreise handelt, die gegenüber dieser Arbeit auf einer prinzipiell anderen Vorgehensweise und Zielsetzung beruhen. Bei der Ausführung der genannten Themen wurde eine möglichst kompakte Darstellungsform gewählt. Die Darstellung ist daher auf die grundlegenden Verfahren konzentriert, wobei Modifikationen der Methoden nur im beschränkten Umfange berücksichtigt sind. Ebenso werden die verschiedenen, grundsätzlichen Themen möglichst getrennt aufgefaßt, soweit diese Trennung den zugrunde liegenden Prinzipien gerecht wird und dem Verständnis zugute kommt. Die einzelnen Kapitel können deshalb auch unabhängig voneinander gelesen werden, wobei bei einem Rückgriff auf andere Kapitel nur die benötigten Ergebnisse wiederholt werden.

2. Die grundlegende Systemdarstellung

Die Klasse von linearen zeitvariablen Mehrgrößensystemen, die betrachtet
werden soll, kann durch das folgende Paar von Vektordifferentialgleichun-
gen beschrieben werden:

$$\dot{\underline{x}}(t) = \underline{A}(t)\,\underline{x}(t) + \underline{B}(t)\,\underline{u}(t) \tag{2.1a}$$

$$\underline{y}(t) = \underline{C}(t)\,\underline{x}(t) \tag{2.1b}$$

Dabei ist $\underline{x}$ der n-dimensionale Zustandsvektor, $\underline{u}$ der r-dimensionale Eingangsvektor und $\underline{y}$ der s-dimensionale Ausgangsvektor. Die Matrizen $\underline{A}(t)$,
$\underline{B}(t)$ und $\underline{C}(t)$ haben die Dimension nxn, nxr bzw. nxs. Es wird angenommen,
daß diese Matrizen genügend oft stetig differenzierbar sind. $\underline{A}(t)$ wird
Zustandsmatrix, $\underline{B}(t)$ Eingangsmatrix und $\underline{C}(t)$ Ausgangsmatrix genannt; die
Gleichungen (2.1a) und (2.1b) heißen Zustandsgleichung bzw. Ausgangsglei-
chung.

Die direkte Abhängigkeit der Ausgangsgröße $\underline{y}$ von dem Eingang $\underline{u}$, d.h. das
Auftreten eines zusätzlichen Summanden $\underline{D}(t)\underline{u}(t)$ mit $\underline{D}$ als sxr Matrix in
der Ausgangsgleichung (2.1b), ist für systemtheoretische Überlegungen viel-
fach ohne grundsätzliche Bedeutung (z.B. bei der Steuerbarkeit und Beobachtbarkeit, bei Transformationen usw.). Daher wird dieser Term nur an den entsprechenden Stellen (z.B. bei der Inversen in Kapitel 7) mitgeführt.

2.1 Systembegriffe

Die Begriffe Äquivalenz, Steuerbarkeit und Beobachtbarkeit sind für die
Systemtheorie von grundlegender Bedeutung, wobei verschiedene, gleichwer-
tige Begriffsdarstellungen möglich sind. Im folgenden sollen jedoch nur
die Definitionen eingeführt werden, die bei Strukturuntersuchungen und
Syntheseproblemen für die hier behandelten Systeme am besten geeignet sind.
Als Grundlage für die Darstellung dienen dabei die Arbeiten [6] und [7].

<u>Äquivalenz</u>

<u>Definition 2.1</u>   Zwei Systeme werden äquivalent genannt, wenn ihre Zustands-
vektoren durch eine nichtsinguläre, u.U. zeitvariable Koordinatentransforma-
tion verbunden sind.

Das folgende System sei zu dem System (2.1) äquivalent:

$$\dot{\underline{z}}(t) = \underline{\check{A}}(t)\, \underline{z}(t) + \underline{\check{B}}(t)\, \underline{u}(t) \qquad\qquad (2.2a)$$

$$\underline{y}(t) = \underline{\check{C}}(t)\, \underline{z}(t) \qquad\qquad (2.2b)$$

Die zugehörige Transformationsgleichung lautet

$$\underline{z}(t) = \underline{T}(t)\, \underline{x}(t) \quad , \qquad\qquad (2.3)$$

wobei $\underline{T}(t)$ in dem betrachteten Zeitintervall eine nichtsinguläre, für alle t
stetig differenzierbare nxn Matrix ist und als "äquivalente Transformation"
bezeichnet wird.

Differenziert man (2.3) und setzt (2.1a) ein, so ist [*)]

$$\dot{\underline{z}} = \dot{\underline{T}}\, \underline{x} + \underline{T}\, \underline{A}\, \underline{x} + \underline{T}\, \underline{B}\, \underline{u}$$

und damit

$$\dot{\underline{z}} = (\dot{\underline{T}} + \underline{T}\, \underline{A})\underline{T}^{-1}\, \underline{z} + \underline{T}\, \underline{B}\, \underline{u} \qquad\qquad (2.2c)$$

$$\underline{y} = \underline{C}\, \underline{T}^{-1}\, \underline{z} \qquad\qquad (2.2d)$$

Die Gleichungen für die Umrechnung der Matrizen der äquivalenten Systeme
(2.2) und (2.1) haben daher die Form

$$\underline{\check{A}} = (\underline{T}\, \underline{A} + \dot{\underline{T}})\, \underline{T}^{-1} \qquad\qquad (2.4)$$

$$\underline{\check{B}} = \underline{T}\, \underline{B} \qquad\qquad (2.5)$$

$$\underline{\check{C}} = \underline{C}\, \underline{T}^{-1} \qquad\qquad (2.6)$$

[*)]   Ein Punkt über einem Buchstaben oder hochgestellt neben einem Klammer-
ausdruck bedeutet stets die Ableitung nach der Zeit.

Eine erweiterte Form der Äquivalenz ist die "Zustandsvektor-Null-Äquivalenz", die z.B. bei der Betrachtung der Systemreduzierung (Abschnitt 2.2 und 2.3) erforderlich ist:

Definition 2.2:   Zwei Systeme werden Zustandsvektor-Null-äquivalent (zero-state equivalent) genannt, wenn sie für die Anfangsbedingungen Null das gleiche Eingang-Ausgang-Verhalten haben.

Steuerbarkeit

Durch Prüfung der "Steuerbarkeit" eines Systems können darüber Aussagen gemacht werden, ob und wie schnell der Zustandsvektor durch den Eingangsvektor in einen beliebigen neuen Zustand überführt werden kann. Einem Kriterium für die Steuerbarkeit liegt die sogenannte Steuerbarkeitsmatrix zugrunde, die nur die Kenntnis der Matrizen $\underline{A}(t)$ und $\underline{B}(t)$ (System 2.1) sowie ihre genügend häufige Differenzierbarkeit voraussetzt. Im Gegensatz dazu ist für ein anderes Kriterium die Lösung des zeitvariablen Systems in Form der Übergangsmatrix erforderlich. Diese Methode bietet für die Lösung von Synthese- und Strukturproblemen bei zeitvariablen Systemen nur geringe Möglichkeiten, so daß nur das erstere Kriterium hier betrachtet werden soll.

Die Steuerbarkeitsmatrix $\underline{Q}_c(t)$ des Systems (2.1) ist eine nxrn Matrix mit der Definition

$$\underline{Q}_c(t) = [\underline{B}, \; \underline{L}_A^* \underline{B}, \; \underline{L}_A^{*2} \underline{B}, \; \ldots, \; \underline{L}_A^{*n-1} \underline{B}] \qquad , \qquad (2.7)$$

wobei für den Operator $\underline{L}_A^{*k} \underline{B}$ gilt:

$$\underline{L}_A^{*k} \underline{B} = \underline{A} \cdot \underline{L}_A^{*k-1} \underline{B} - (\underline{L}_A^{*k-1} \underline{B})^\bullet \qquad \text{für} \quad k=1,2,\ldots,$$

und $\hspace{9cm}$ (2.8)

$$\underline{L}_A^{*0} \underline{B} = \underline{B}$$

Für die verschiedenen Grade der Steuerbarkeit gelten bezogen auf System (2.1) und $\underline{Q}_c$ nach Gleichung (2.7) die folgenden Definitionen und Sätze:

<u>Definition 2.3</u>   Das System (2.1) wird <u>vollständig steuerbar</u> (completely controllable) in dem Intervall $[t_o,t_1]$ genannt, wenn es für jeden Zustand $\underline{x}_o$ zur Zeit t_o und jeden gewünschten Endzustand $\underline{x}_1$ zur Zeit t_1 einen solchen Eingang $\underline{u}(t)$ im Intervall $[t_o,t_1]$ gibt, daß $\underline{x}(t_1) = \underline{x}_1$ wird.

<u>Satz 2.1</u> Das System (2.1) ist dann (bei analytischen Systemen und nur dann) <u>vollständig steuerbar</u>, wenn $\underline{Q}_c(t)$ für einen Zeitpunkt t innerhalb $[t_o,t_1]$ den Rang n hat.

<u>Definition 2.4</u>   Das System (2.1) wird <u>total steuerbar</u> (totally controllable) in dem Intervall $[t_o,t_1]$ genannt, wenn es in jedem Unterintervall von $[t_o,t_1]$ vollständig steuerbar ist.

<u>Satz 2.2</u>   Das System (2.1) ist dann und nur dann <u>total steuerbar</u> in dem Intervall $[t_o,t_1]$, wenn $\underline{Q}_c(t)$ in keinem Unterintervall von $[t_o,t_1]$ einen kleineren Rang als n hat.

<u>Definition 2.5</u>   Das System (2.1) wird <u>gleichmäßig steuerbar</u> (uniformly controllable) in dem Intervall $[t_o,t_1]$ genannt, wenn $\underline{Q}_c(t)$ für alle t innerhalb $[t_o,t_1]$ den Rang n hat.

Vollständige Steuerbarkeit bedeutet, daß der Zustand $\underline{x}_o(t_o)$ des Systems in einer endlichen Zeit auf einen gewünschten Zustand $\underline{x}_1(t_1)$ gesteuert werden kann, während bei totaler Steuerbarkeit der Zustand $\underline{x}_o(t_o)$ so schnell wie gewünscht und bei gleichmäßiger Steuerbarkeit momentan in einen beliebigen Zustand überführt werden kann. Bei analytischen Systemen sind die vollständige und die totale Steuerbarkeit identisch; für Systeme mit konstanten Koeffizienten bestehen keine Unterschiede zwischen den verschiedenen Graden der Steuerbarkeit.

Für Mehrgrößensysteme ist eine Variante der Steuerbarkeit von Bedeutung, die sogenannte "minimale Steuerbarkeit" [10]. Dieser Typ von Steuerbarkeit verhindert jede Redundanz von seiten der Eingangsgrößen, d.h. das System ist nicht mehr steuerbar, wenn eine Eingangsgröße eliminiert wird. Es gilt die folgende Definition:

<u>Definition 2.6</u>   Das System (2.1) wird "<u>minimal steuerbar</u>" (minimal controllable) in dem Intervall $[t_o,t_1]$ genannt, wenn für alle t innerhalb $[t_o,t_1]$ der Rang von $[\underline{\check{B}}, \underline{L}_A^{*}\underline{\check{B}}, \underline{L}_A^{*2}\underline{\check{B}},\ldots,\underline{L}_A^{*n-1}\underline{\check{B}}] < n$ ist für jede $nx(r-1)$ Matrix $\underline{\check{B}}$, die aus $\underline{B}$ durch Elimination einer Spalte entsteht.

Zwischen den Steuerbarkeitsmatrizen der Systeme (2.1) und (2.2), die durch eine äquivalente Transformation $\underline{T}(t)$ verbunden sind, besteht die Beziehung

$$\underline{\check{Q}}_c = \underline{T} \cdot \underline{Q}_c \qquad , \tag{2.9}$$

wobei $\underline{\check{Q}}_c$ die Steuerbarkeitsmatrix des transformierten Systems (2.2) ist.

Der Beweis kann mit Hilfe der vollständigen Induktion geführt werden: Nach den Gleichungen (2.5) und (2.8) gilt

$$L_{\check{A}}^{*o}\underline{\check{B}} = \underline{T}\, L_A^{*o}\underline{B} \tag{2.10}$$

Weiterhin wird angenommen, daß die Beziehung

$$L_{\check{A}}^{*k}\underline{\check{B}} = \underline{T}\, L_A^{*k}\underline{B} \tag{2.11}$$

richtig ist. Nach der Definition des Operators (2.8) ist

$$L_{\check{A}}^{*k+1}\underline{\check{B}} = \underline{\check{A}}(L_{\check{A}}^{*k}\underline{\check{B}}) - (L_{\check{A}}^{*k}\underline{\check{B}})^{\bullet}$$

Daraus folgt mit (2.4) und (2.11)

$$L_{\check{A}}^{*k+1}\underline{\check{B}} = \underline{\dot{T}}\, L_A^{*k}\underline{B} + \underline{T}(L_A^{*k}\underline{B})^{\bullet} - (\underline{T}\,\underline{A} + \underline{\dot{T}})\underline{T}^{-1}(\underline{T}\, L_A^{*k}\underline{B})$$

$$L_{\check{A}}^{*k+1}\underline{\check{B}} = (\underline{T}\,\underline{A} + \underline{\dot{T}})\underline{T}^{-1}(\underline{T}\, L_A^{*k}\underline{B}) - \underline{\dot{T}}\, L_A^{*k}\underline{B} - \underline{T}(L_A^{*k}\underline{B})^{\bullet}$$

bzw.

$$L_{\check{A}}^{*k+1}\underline{\check{B}} = \underline{T}\, L_A^{*k+1}\underline{B} \tag{2.12}$$

Da die Gleichungen (2.10), (2.11) und (2.12) die gleiche Gesetzmäßigkeit aufweisen, ist damit die Behauptung (2.9) bewiesen.

Beobachtbarkeit

Die "Beobachtbarkeit" eines Systems ist der duale Begriff zur Steuerbarkeit.
Die Beobachtbarkeitskriterien geben an, ob und wie schnell aus der Kenntnis
des Ausgangsvektors der Zustandsvektor bestimmt werden kann. Entsprechend wie
bei der Steuerbarkeit soll hier zur Prüfung der Beobachtbarkeit die "Beobachtbarkeitsmatrix" benutzt werden. Um die Beobachtbarkeitsmatrix aufstellen zu
können, müssen die Matrizen $\underline{A}(t)$ und $\underline{C}(t)$ (System (2.1)) bekannt und genügend
oft stetig differenzierbar sein.

Die Beobachtbarkeitsmatrix $\underline{Q}_o(t)$ des Systems (2.1) ist wie folgt definiert:

$$\underline{Q}_o(t) = \begin{bmatrix} \underline{C} \\ L_A\underline{C} \\ L_A^2\underline{C} \\ \vdots \\ L_A^{n-1}\underline{C} \end{bmatrix} \tag{2.13}$$

Der benutzte Operator $L_A^k\underline{C}$ ist bestimmt durch

$$L_A^k\underline{C} = (L_A^{k-1}\underline{C})\underline{A} + (L_A^{k-1}\underline{C})^\bullet \qquad \text{für } k=1,2,\dots$$

mit

$$L_A^o\underline{C} = \underline{C} \tag{2.14}$$

Die Beobachtbarkeitsmatrix $\underline{Q}_o(t)$ des Systems (2.1) und die Beobachtbarkeitsmatrix $\underline{\breve{Q}}_o(t)$ des transformierten Systems (2.2) sind durch die Gleichung

$$\underline{\breve{Q}}_o = \underline{Q}_o \underline{T}^{-1} \tag{2.15}$$

verbunden, wobei $\underline{T}(t)$ eine äquivalente Transformationsmatrix ist. Die Her-
leitung kann analog zu dem Beweis von (2.9) durchgeführt werden.

Die Grade der Beobachtbarkeit lassen sich für das System (2.1) auf der Grundlage von $\underline{Q}_o(t)$ (Gl. (2.13)) nach folgenden Definitionen und Sätzen bestimmen:

Definition 2.7   Das System (2.1) wird <u>vollständig beobachtbar</u> (completely observable) in dem Intervall $[t_o, t_1]$ genannt, wenn irgendein Zustand $\underline{x}_o$ zur Zeit t_o aus der Kenntnis des Systemausgangs im Intervall $[t_o, t_1]$ bestimmt werden kann.

Satz 2.3   Das System (2.1) ist dann (bei analytischen Systemen und nur dann) <u>vollständig beobachtbar</u> in dem Intervall $[t_o, t_1]$, wenn $\underline{Q}_o(t)$ für einen Zeitpunkt t innerhalb $[t_o, t_1]$ den Rang n hat.

Definition 2.8   Das System (2.1) wird <u>total beobachtbar</u> (totally observable) in dem Intervall $[t_o, t_1]$ genannt, wenn es in jedem Unterintervall von $[t_o, t_1]$ vollständig beobachtbar ist.

Satz 2.4   Das System (2.1) ist dann und nur dann <u>total beobachtbar</u> in dem Intervall $[t_o, t_1]$, wenn $\underline{Q}_o(t)$ in keinem Unterintervall von $[t_o, t_1]$ einen kleineren Rang als n hat.

Definition 2.9   Das System (2.1) wird <u>gleichmäßig beobachtbar</u> (uniformly observable) in dem Intervall $[t_o, t_1]$ genannt, wenn $\underline{Q}_o(t)$ für alle Zeiten t innerhalb $[t_o, t_1]$ den Rang n hat.

Bei gleichmäßiger Beobachtbarkeit ist es möglich, den Zustand des Systems zu irgendeinem Zeitpunkt momentan aus dem Systemausgang zu bestimmen; bei den anderen Graden der Beobachtbarkeit gilt ebenfalls das Entsprechende zur Steuerbarkeit, auch in Hinsicht auf Systeme mit analytischen sowie mit konstanten Koeffizienten.

Dual zu der minimalen Steuerbarkeit kann die "minimale Beobachtbarkeit" definiert werden, durch die die Redundanz bezüglich der Ausgangsgröße vermieden wird:

Definition 2.10   Das System (2.1) wird "<u>minimal beobachtbar</u>" (minimal observable) in dem Intervall $[t_o, t_1]$ genannt, wenn für alle t innerhalb $[t_o, t_1]$ der

$$\text{Rang} \begin{bmatrix} \check{\underline{C}} \\ L_A \check{\underline{C}} \\ L_A^2 \check{\underline{C}} \\ \vdots \\ L_A^{n-1} \check{\underline{C}} \end{bmatrix} < n$$

ist für jede $(s-1) \times n$ Matrix $\check{\underline{C}}$, die aus $\underline{C}$ durch Elimination einer Zeile entsteht.

2.2 Allgemeine Grundlagen der Systemreduzierung

Ein System wird reduzierbar genannt, wenn dasselbe Eingang-Ausgang-Verhalten
bei den Anfangsbedingungen Null durch ein System niedrigerer dynamischer
Ordnung erreicht werden kann (Zustandsvektor-Null-Äquivalenz). Die Aufgabe
der Systemreduzierung ist es, diese minimale Realisierung für ein gegebenes
System zu finden. Ein nicht vollständig steuerbares und/oder nicht vollständig beobachtbares System kann stets reduziert werden, da im Wesen der Steuerbarkeit und Beobachtbarkeit eine minimale Systemdarstellung unmittelbar begründet ist. Die folgenden Ausführungen beruhen auf den grundsätzlichen Überlegungen zu dem Reduzierungsproblem in der Arbeit [7]. Die allgemeinen Grundlagen dieses Problems wurden in [8] dargestellt.

Reduzierbare Systemformen

Wenn man das Konzept der Steuerbarkeit und Beobachtbarkeit zugrunde legt,
kann das Reduzierungsproblem in zwei Teile aufgespalten werden:

1. Bestimmung des vollständig steuerbaren Systems mit der kleinsten
   Ordnung, das das gleiche Eingang-Ausgang-Verhalten wie das System (2.1) hat. (Betrifft den Eingang)

2. Bestimmung des vollständig beobachtbaren Systems mit der kleinsten
   Ordnung, das das gleiche Eingang-Ausgang-Verhalten wie das System
   (2.1) hat. (Betrifft den Ausgang)

Für diese beiden Teilaufgaben sollen im folgenden zwei Systembeschreibungen
angegeben werden [7], in denen das minimale System sofort erkennbar ist.
Diese Formen werden als Grundlage zur Lösung des Reduzierungsproblems dienen.

<u>Definition 2.11</u> Das System (2.1) ist vom Eingang zu der Ordnung $q \leq n$ und zu keiner niedrigeren Ordnung reduzierbar, wenn es äquivalent ist einem System der Form

$$\dot{\hat{\underline{x}}}(t) = \begin{bmatrix} \dot{\hat{\underline{x}}}_1(t) \\ \dot{\hat{\underline{x}}}_2(t) \end{bmatrix} = \underbrace{\begin{bmatrix} \hat{\underline{A}}_{11}(t) & \hat{\underline{A}}_{12}(t) \\ \underline{0} & \hat{\underline{A}}_{22}(t) \end{bmatrix}}_{\hat{\underline{A}}(t)} \begin{bmatrix} \hat{\underline{x}}_1(t) \\ \hat{\underline{x}}_2(t) \end{bmatrix} + \underbrace{\begin{bmatrix} \hat{\underline{B}}_1(t) \\ \underline{0} \end{bmatrix}}_{\hat{\underline{B}}(t)} \underline{u}(t)$$

$$\underline{y}(t) = [\underbrace{\hat{\underline{C}}_1(t) \qquad \hat{\underline{C}}_2(t)}_{\hat{\underline{C}}(t)}] \begin{bmatrix} \hat{\underline{x}}_1(t) \\ \hat{\underline{x}}_2(t) \end{bmatrix} \tag{2.16}$$

und das Untersystem q-ter Ordnung

$$\dot{\hat{\underline{x}}}_1(t) = \hat{\underline{A}}_{11}(t)\,\hat{\underline{x}}_1(t) + \hat{\underline{B}}_1(t)\,\underline{u}(t)$$

$$\underline{y}(t) = \hat{\underline{C}}_1(t)\,\hat{\underline{x}}_1(t) \tag{2.17}$$

vollständig steuerbar ist.

Das bedeutet, daß die Systeme (2.16) und (2.17) und damit auch das System (2.1) das gleiche Eingang-Ausgang-Verhalten bei den Anfangsbedingungen Null haben. Oder genauer formuliert, die Systeme (2.1) und (2.16) sind äquivalent, während das System (2.17) Zustandsvektor-Null-äquivalent ist.

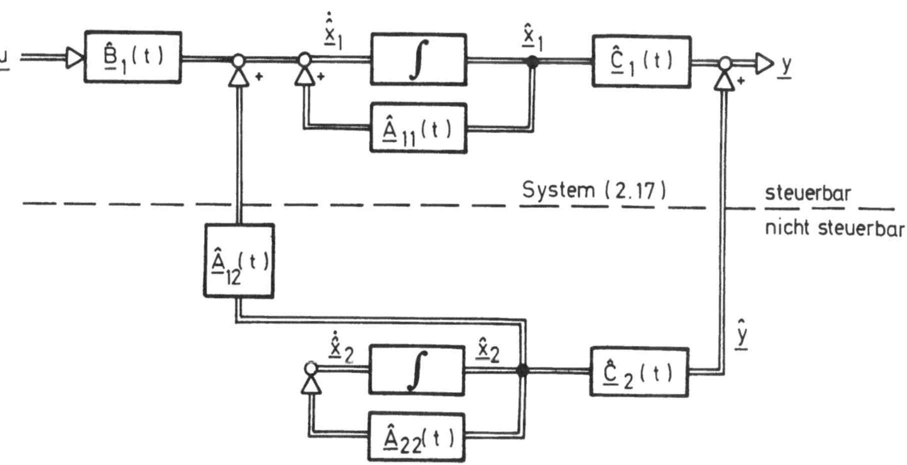

<u>Bild 1</u> Ein eingangsseitig reduzierbares System

Eine anschauliche Interpretation der Definition 2.11 gibt Bild 1, in dem (durch
die gestrichelte Linie abgetrennt) das reduzierte System (2.17) als Teil des
Systems (2.16) dargestellt ist: Der Zustandsvektor $\hat{\underline{x}}_2$ ist durch die Eingangsgröße $\underline{u}$ nicht beeinflußbar und bei den Anfangsbedingungen Null ist das Verhalten $\underline{u} \to \underline{y}$ nur durch das System (2.17) bestimmt.

Definition 2.12   Das System (2.1) ist (vom Ausgang) zu der Ordnung $q \leq n$ und
zu keiner niedrigeren Ordnung reduzierbar, wenn es äquivalent ist einem System der Form:

$$
\dot{\hat{\underline{x}}}(t) = \begin{bmatrix} \dot{\hat{\underline{x}}}_1(t) \\[2ex] \dot{\hat{\underline{x}}}_2(t) \end{bmatrix} = \begin{bmatrix} \hat{\underline{A}}_{11}(t) & \underline{0} \\[2ex] \hat{\underline{A}}_{21}(t) & \hat{\underline{A}}_{22}(t) \end{bmatrix} \begin{bmatrix} \hat{\underline{x}}_1(t) \\[2ex] \hat{\underline{x}}_2(t) \end{bmatrix} + \begin{bmatrix} \hat{\underline{B}}_1(t) \\[2ex] \hat{\underline{B}}_2(t) \end{bmatrix} \underline{u}(t)
$$

$$
\underline{y}(t) = \begin{bmatrix} \hat{\underline{C}}_1(t) & \underline{0} \end{bmatrix} \begin{bmatrix} \hat{\underline{x}}_1(t) \\[2ex] \hat{\underline{x}}_2(t) \end{bmatrix}
$$

$$(2.18)$$

und das Untersystem q-ter Ordnung

$$
\dot{\hat{\underline{x}}}_1(t) = \hat{\underline{A}}_{11}(t)\, \hat{\underline{x}}_1(t) + \hat{\underline{B}}_1(t)\, \underline{u}(t)
$$

$$
\underline{y}(t) = \hat{\underline{C}}_1(t)\, \hat{\underline{x}}_1(t)
$$

$$(2.19)$$

vollständig beobachtbar ist.

Wenn diese Bedingungen erfüllt sind, haben wiederum die Systeme (2.18) und
(2.19) und damit auch das System (2.1) gleiches Eingang-Ausgang-Verhalten.

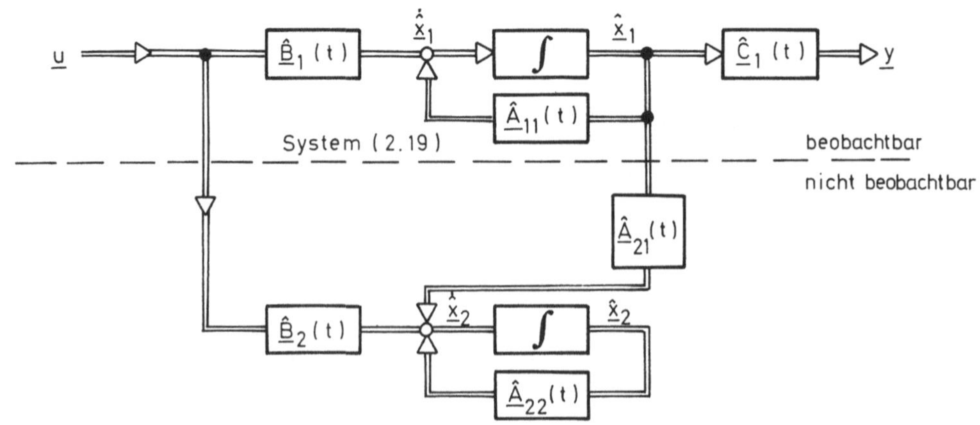

<u>Bild 2</u>   Ein ausgangsseitig reduzierbares System

Bild 2 veranschaulicht das ausgangseitig reduzierbare System, das in der Definition 2.12 beschrieben ist: Aus der Kenntnis des Ausgangsvektors $\underline{y}$ ist der Zustandsvektor $\hat{\underline{x}}_2$ nicht bestimmbar; das System (2.19) genügt bei den Anfangsbedingungen Null zur Darstellung des Verhaltens $\underline{u} \rightarrow \underline{y}$.

Im folgenden wird nur der erste Teil der Reduzierungsaufgabe durchgeführt, d.h. die Reduzierung vom Eingang aus zu einem vollständig steuerbaren System. Der zweite Teil, die Reduzierung vom Ausgang aus zu einem vollständig beobachtbaren System geschieht in dualer Weise und wird deshalb hier nicht behandelt.

Bedingungen für die Reduzierbarkeit:

Wenn die Steuerbarkeitsmatrix des Systems (2.1) mit $\underline{Q}(t)$ und die des Systems (2.16) mit $\hat{\underline{Q}}(t)$ bezeichnet wird (der Index c wird der Übersichtlichkeit wegen fortgelassen), so gilt für die Reduzierbarkeit die folgende notwendige und hinreichende Bedingung:

Satz 2.5   Das System (2.1) ist dann und nur dann zu einem steuerbaren System q-ter Ordnung reduzierbar, wenn eine äquivalente Transformation der Form

$$\hat{\underline{T}}(t)\ \underline{Q}(t) = \begin{bmatrix} \hat{\underline{Q}}_1(t) \\ \\ \underline{0} \end{bmatrix} = \hat{\underline{Q}}(t) \tag{2.20}$$

existiert, wobei $\hat{\underline{Q}}_1$ q-Zeilen und keinen kleineren Rang als q hat.

Die Notwendigkeit des Satzes 2.5 ergibt sich sofort daraus, daß nach (2.7) die Steuerbarkeitsmatrix $\underline{Q}$ für das System (2.16) lautet:

$$\hat{\underline{Q}} = \begin{bmatrix} \hat{\underline{B}}_1 & \hat{\underline{A}}_{11}\hat{\underline{B}}_1 - \dot{\hat{\underline{B}}}_1 & \cdots \\ \underline{0} & \underline{0} & \cdots \end{bmatrix} = \begin{bmatrix} \hat{\underline{B}}_1 & L_{\hat{\underline{A}}_{11}}^{\times}\hat{\underline{B}}_1 & \cdots & L_{\hat{\underline{A}}_{11}}^{\times n-1}\hat{\underline{B}}_1 \\ \underline{0} & \underline{0} & \cdots & \underline{0} \end{bmatrix} \tag{2.21}$$

oder

$$\hat{\underline{Q}} = \begin{bmatrix} \hat{\underline{Q}}_1 \\ \\ \underline{0} \end{bmatrix} \tag{2.22}$$

Um zu zeigen, daß der Satz 2.5 auch hinreichend ist, wird zunächst die Matrix $\hat{\underline{Q}}^*$ eingeführt, die auf die Steuerbarkeitsmatrix $\hat{\underline{Q}}$ des Systems (2.16) bezogen ist. Diese Matrix ist definiert durch

$$\hat{\underline{Q}}^* = [L_{\hat{\underline{A}}}^* \hat{\underline{B}}, \; L_{\hat{\underline{A}}}^{*2} \hat{\underline{B}}, \; \ldots, \; L_{\hat{\underline{A}}}^{*n} \hat{\underline{B}}] \tag{2.23}$$

oder

$$\hat{\underline{Q}}^* = \hat{\underline{A}} \, \hat{\underline{Q}} - \dot{\hat{\underline{Q}}} \tag{2.24}$$

In [6] wird ein für ein allgemeines System gültiger Satz bewiesen, der auf das System (2.16) bezogen die folgende Form hat:

<u>Satz 2.6</u>   Wenn die Steuerbarkeitsmatrix

$$\hat{\underline{Q}} = [\hat{\underline{B}}, \; L_{\hat{\underline{A}}}^* \hat{\underline{B}}, \; \ldots, \; L_{\hat{\underline{A}}}^{*n-1} \hat{\underline{B}}]$$

den Rang q hat für alle t innerhalb $[t_o, t_1]$, dann hat auch jede Matrix der Form

$$[\hat{\underline{B}}, \; L_{\hat{\underline{A}}}^* \hat{\underline{B}}, \; \ldots, \; L_{\hat{\underline{A}}}^{*d} \hat{\underline{B}}] \quad \text{für } d > n-1$$

den Rang q für alle t innerhalb $[t_o, t_1]$.

Nach diesem Satz ergibt sich für $\hat{\underline{Q}}^*$ in (2.23) mit $\hat{\underline{Q}}$ nach (2.20)

$$\hat{\underline{Q}}^* = \begin{bmatrix} \hat{\underline{Q}}_1^* \\ \\ \underline{0} \end{bmatrix}, \tag{2.25}$$

$\hat{\underline{Q}}_1^*$ hat dabei ebenso wie $\dot{\hat{\underline{Q}}}_1$ q Zeilen. Mit (2.25) erhält man für (2.24)

$$\begin{bmatrix} \hat{\underline{Q}}_1^* \\ \\ \underline{0} \end{bmatrix} = \begin{bmatrix} \hat{\underline{A}}_{11} & \hat{\underline{A}}_{12} \\ \\ \hat{\underline{A}}_{21} & \hat{\underline{A}}_{22} \end{bmatrix} \begin{bmatrix} \hat{\underline{Q}}_1 \\ \\ \underline{0} \end{bmatrix} - \begin{bmatrix} \dot{\hat{\underline{Q}}}_1 \\ \\ \underline{0} \end{bmatrix}, \tag{2.26}$$

Daraus folgt, da $\hat{\underline{Q}}_1$ keinen niedrigeren Rang als q hat,

$$\hat{\underline{A}}_{21} = \underline{0}$$

Da die ersten r Spalten von $\hat{\underline{Q}}$ durch $\hat{\underline{B}}$ gebildet werden, ist nach (2.20)

$$\hat{\underline{B}} = \begin{bmatrix} \hat{\underline{B}}_1 \\ \\ \underline{0} \end{bmatrix}$$

Damit ist gezeigt, daß die Transformation (2.20) in Satz 2.5 auf das System (2.16) führt, d.h. der Satz 2.5 ist auch hinreichend.

2.3 Die Reduzierungstransformation

Die Transformationsmatrix

Zur tatsächlichen Durchführung der Reduzierung muß die in Satz 2.5 beschriebene Transformationsmatrix $\hat{\underline{T}}$ angegeben werden. $\hat{\underline{T}}$ wird folgendermaßen angesetzt:

__Satz 2.7__ Wenn $\underline{Q}$ den Rang q < n hat und ebenso q Zeilen von $\underline{Q}$, die als $\underline{Q}_1^+$ bezeichnet werden, diese Eigenschaft haben, dann kann das System (2.1) durch die Transformation (I_m = m x m Einheitsmatrix)

$$\hat{\underline{T}}(t) = \begin{bmatrix} \underline{I}_q & \underline{0} \\ \\ -\underline{K}(t) & \underline{I}_{n-q} \end{bmatrix} \qquad (2.27)$$

zu einem steuerbaren System q-ter Ordnung reduziert werden. Dabei sind die Reihen von $\underline{Q}$ (und damit auch der Systemmatrizen des Systems (2.1)) so geordnet worden, daß

$$\underline{Q}^+ = \begin{bmatrix} \underline{Q}_1^+ \\ \\ \underline{Q}_2^+ \end{bmatrix} \qquad (2.28)$$

mit

$$\underline{Q}_2^+ = \underline{K}\ \underline{Q}_1^+ \tag{2.29}$$

entsteht.

In der Auswahl der q Zeilen von $\underline{Q}$, die die Matrix $\underline{Q}_1^+$ mit dem Rang q formen, liegt dabei im allgemeinen eine gewisse Willkür, so daß die Transformation des Originalsystems (2.1) zu dem reduzierten System nicht eindeutig ist.

Der Beweis dafür, daß $\hat{\underline{T}}$ nach Satz 2.7 tatsächlich die Transformation zu (2.17) gewährleistet, ist einfach zu führen: Es ist

$$\hat{\underline{T}} \cdot \underline{Q}^+ = \begin{bmatrix} \underline{I}_q & \underline{0} \\ -\underline{K} & \underline{I}_{n-q} \end{bmatrix} \cdot \begin{bmatrix} \underline{Q}_1^+ \\ \underline{Q}_2^+ \end{bmatrix} = \begin{bmatrix} \underline{Q}_1^+ \\ -\underline{K}\ \underline{Q}_1^+ + \underline{Q}_2^+ \end{bmatrix}$$

Mit Gleichung (2.29) folgt daraus

$$\hat{\underline{T}} \cdot \underline{Q}^+ = \begin{bmatrix} \underline{Q}_1^+ \\ \underline{0} \end{bmatrix} \quad ,$$

so daß nach Satz 2.5 $\hat{\underline{T}}$ das System (2.1) reduziert, das entsprechend zu der Steuerbarkeitsmatrix $\underline{Q}^+$ umgeformt worden ist.

$\underline{K}(t)$ kann aus der Beziehung (2.29) angegeben werden:

$$\underline{K} = \underline{Q}_2^+\ \underline{Q}_1^{+\prime}\ (\underline{Q}_1^+\ \underline{Q}_1^{+\prime})^{-1} \tag{2.30}$$

Wenn in Ergänzung zu Satz 2.7 berücksichtigt wird, daß q Spalten von $\underline{Q}_1^+$, die mit $\underline{Q}_{11}^+$ (qxq Matrix) bezeichnet werden, ebenfalls den Rang q haben, so kann (2.29) in der Form geschrieben werden

$$[\underline{Q}_{21}^+\ \underline{Q}_{22}^+]] = \underline{K}[\underline{Q}_{11}^+\ \underline{Q}_{12}^+] \qquad .$$

Die Ordnung und Lage von $\underline{Q}_{21}^+$ in der Matrix $\underline{Q}_2^+$ entspricht dabei derjenigen von $\underline{Q}_{11}^+$ in $\underline{Q}_1^+$. Daraus folgt ein vereinfachter Ausdruck für $\underline{K}(t)$, der in dem vorliegenden Fall denselben Wert wie (2.30) liefert:

$$\underline{K} = \underline{Q}_{21}^+\ (\underline{Q}_{11}^+)^{-1} \tag{2.31}$$

Die Umsortierung der Zeilen von $\underline{Q}$ gemäß Gleichung (2.28) in Satz 2.7 bedeutet eine entsprechende Umsortierung bzw. Umbenennung der Zustandsvariablen des Originalsystems (2.1) und damit eine Umsortierung der Matrizen $\underline{A}(t)$, $\underline{B}(t)$ und $\underline{C}(t)$, wobei sich natürlich das Eingang-Ausgang-Verhalten $\underline{u} \rightarrow \underline{y}$ nicht ändert. Wenn also beispielsweise bei $\underline{Q}$ die erste und die dritte Zeile miteinander vertauscht wurden, so sind entsprechend bei dem System (2.1) die erste und die dritte Zustandsvariable wechselseitig umzubenennen: Das bedeutet, daß bei $\underline{B}$ die erste und dritte Zeile, bei $\underline{C}$ die erste und dritte Spalte und bei $\underline{A}$ die erste und dritte Zeile sowie auch die erste und dritte Spalte zu vertauschen sind. Die durch dieses Umsortieren entstandenen Matrizen sollen gegenüber den Originalmatrizen durch ein hochgestelltes + Zeichen, also mit $\underline{A}^{+}(t)$, $\underline{B}^{+}(t)$ und $\underline{C}^{+}(t)$ gekennzeichnet werden [*]. Die zu diesem System zugehörige Steuerbarkeitsmatrix ist $\underline{Q}^{+}(t)$ in (2.28).

In vielen Fällen werden die ersten q-Zeilen der Steuerbarkeitsmatrix $\underline{Q}$ von vornherein den Rang q haben, so daß sich das Umsortieren erübrigt und die durch das hochgestellte + Zeichen gekennzeichneten Größen mit denen des Originalsystems (2.1) identisch sind. Eine Umsortierung ist natürlich auch in diesen Fällen zulässig (und kann aus praktischen Erwägungen vorteilhaft sein), wenn wiederum q Zeilen mit dem Rang q zusammengestellt werden können.

Die Matrix $\hat{\underline{T}}(t)$ nach (2.27) stellt eine äquivalente Transformation zwischen dem System mit den Matrizen $\underline{A}^{+}$, $\underline{B}^{+}$ und $\underline{C}^{+}$ und dem gesuchten System (2.16) dar, so daß man nach (2.4), (2.5) und (2.6) erhält:

$$\hat{\underline{A}} = (\hat{\underline{T}}\,\underline{A}^{+} + \dot{\hat{\underline{T}}})\,\hat{\underline{T}}^{-1} \tag{2.32}$$

$$\hat{\underline{B}} = \hat{\underline{T}}\,\underline{B}^{+} \tag{2.33}$$

$$\hat{\underline{C}} = \underline{C}^{+}\,\hat{\underline{T}}^{-1} \tag{2.34}$$

Weiterhin gilt die bereits angegebene Beziehung

$$\hat{\underline{Q}} = \hat{\underline{T}}\,\underline{Q}^{+} \tag{2.35}$$

---

[*]   In [7] und den darauf aufbauenden Arbeiten wird diese Unterscheidung, die hier der Deutlichkeit wegen eingeführt wurde, nicht getroffen: Dort werden unter den Systemmatrizen $\underline{A}$, $\underline{B}$ und $\underline{C}$ sowohl die Matrizen des Originalsystems (2.1) wie die entsprechend zu $\underline{Q}^{+}$ in (2.28) umsortierten Matrizen verstanden.

Die Gleichungen (2.32) bis (2.34) ermöglichen es, die Systemform (2.16) zu
bestimmen und daraus nach der Definition 2.11 das vollständig steuerbare System (2.17) sowie das nicht steuerbare System und die Kopplungsmatrizen ab-
zulesen. Bei diesem Weg muß mit Matrizen n-ter Ordnung gerechnet werden. Der
Aufwand kann verringert werden, wenn man die Transformation aufspaltet, wie
es im folgenden Abschnitt durchgeführt wird.

Die expliziten Gleichungen der Untersysteme

Teilt man die Matrix $\underline{A}^+(t)$ in Untermatrizen entsprechend zu $\underline{A}(t)$ in (2.16)
auf, wobei natürlich die Untermatrix $\underline{A}_{21}^+$ im Gegensatz zu $\hat{\underline{A}}_{21}$ im allgemeinen
nicht Null ist, so erhält man aus (2.32) mit (2.27)

$$
\begin{bmatrix} \hat{\underline{A}}_{11} & \hat{\underline{A}}_{12} \\ \underline{0} & \hat{\underline{A}}_{22} \end{bmatrix} \cdot \begin{bmatrix} \underline{I}_q & \underline{0} \\ -\underline{K} & \underline{I}_{n-q} \end{bmatrix} = \begin{bmatrix} \underline{I}_q & \underline{0} \\ -\underline{K} & \underline{I}_{n-q} \end{bmatrix} \cdot \begin{bmatrix} \underline{A}_{11}^+ & \underline{A}_{12}^+ \\ \underline{A}_{21}^+ & \underline{A}_{22}^+ \end{bmatrix} + \begin{bmatrix} \underline{0} & \underline{0} \\ -\dot{\underline{K}} & \underline{0} \end{bmatrix} \tag{2.36}
$$

Diese Gleichung (2.36) muß in dem betrachteten Zeitraum identisch erfüllt sein,
da - wie in den vorherigen Abschnitten gezeigt wurde - $\hat{\underline{T}}(t)$ eine äquivalente
Transformation ist. Rechnet man diese Gleichung aus, so ergeben sich aus dem
Vergleich der entsprechenden Untermatrizen die folgenden Beziehungen für $\hat{\underline{A}}_{11}$,
$\hat{\underline{A}}_{12}$ und $\hat{\underline{A}}_{22}$:

$$
\hat{\underline{A}}_{11}(t) = \underline{A}_{11}^+(t) + \underline{A}_{12}^+(t)\,\underline{K}(t) \tag{2.37}
$$

$$
\hat{\underline{A}}_{12}(t) = \underline{A}_{12}^+(t) \tag{2.38}
$$

$$
\hat{\underline{A}}_{22}(t) = \underline{A}_{22}^+(t) - \underline{K}(t)\,\underline{A}_{12}^+(t) \quad , \tag{2.39}
$$

wobei bei der Bestimmung von (2.37) die Gleichung (2.38) benutzt wurde.

Unterteilt man weiterhin $\underline{B}^+$ und $\underline{C}^+$ in derselben Weise wie $\hat{\underline{B}}$ und $\hat{\underline{C}}$ in (2.16)
wobei $\underline{B}_2^+$ im allgemeinen nicht Null sein wird, so erhält man nach (2.33) und
(2.34)

$$
\hat{\underline{B}}_1(t) = \underline{B}_1^+(t) \tag{2.40}
$$

sowie über

$$[\hat{\underline{C}}_1 \quad \hat{\underline{C}}_2] \begin{bmatrix} \underline{I}_1 & \underline{0} \\ -\underline{K} & \underline{I}_{n-q} \end{bmatrix} = [\underline{C}_1^+ \quad \underline{C}_2^+]$$

$$\hat{\underline{C}}_1(t) = \underline{C}_1^+(t) + \underline{C}_2^+(t)\,\underline{K}(t) \tag{2.41}$$

und

$$\hat{\underline{C}}_2(t) = \underline{C}_2^+(t) \tag{2.42}$$

Damit sind in den Gleichungen (2.37) bis (2.42) alle Untermatrizen des gesuchten Systems (2.16) gegeben, und zwar in Abhängigkeit von den verfügbaren
Untermatrizen des Originalsystems, die entsprechend zu der Steuerbarkeitsmatrix $\underline{Q}^+$ in (2.28) umsortiert wurden (vgl. Seite 25).

Mit (2.37), (2.40) und (2.41) erhält man für das vollständig steuerbare System (2.17) mit der Ordnung q die explizite Form

$$\dot{\hat{\underline{x}}}_1(t) = [\underline{A}_{11}^+(t) + \underline{A}_{12}^+(t)\,\underline{K}(t)]\hat{\underline{x}}_1(t) + \underline{B}_1^+(t)\,\underline{u}(t) \tag{2.43a}$$

$$\underline{y}(t) = [\underline{C}_1^+(t) + \underline{C}_2^+(t)\,\underline{K}(t)]\hat{\underline{x}}_1(t) \tag{2.43b}$$

Für den nicht steuerbaren Teil des Systems (2.16) der Ordnung n-q ergibt sich
mit (2.39) und (2.42) die Systembeschreibung (Bild 1):

$$\dot{\hat{\underline{x}}}_2(t) = [\underline{A}_{22}^+(t) - \underline{K}(t)\,\underline{A}_{12}^+(t)]\hat{\underline{x}}_2(t) \tag{2.44a}$$

$$\hat{\underline{y}}(t) = \underline{C}_2^+(t)\,\hat{\underline{x}}_2(t) \quad , \tag{2.44b}$$

wobei $\hat{\underline{y}}(t)$ der s-dimensionale Ausgangsvektor ist. Die Kopplungsmatrix $\hat{\underline{A}}_{12}$
zwischen den beiden Systemen ist in (2.38) angegeben:

$$\hat{\underline{A}}_{12}(t) = \underline{A}_{12}^+(t) \quad .$$

Damit ist das folgende Ergebnis erzielt worden:

Das System (2.1) mit den Systemmatrizen $\underline{A}(t)$, $\underline{B}(t)$ und $\underline{C}(t)$ sei nicht steuerbar; die Steuerbarkeitsmatrix $\underline{Q}(t)$ (Gl. (2.7)) haben den Rang q < n. Der erste
Schritt zur Bestimmung des steuerbaren und des nicht steuerbaren Untersystems

besteht darin, nach Gleichung (2.28) in Satz 2.7 die Steuerbarkeitsmatrix $\underline{Q}$ so umzuordnen, daß die ersten q Reihen den Rang q haben, wodurch die Steuerbarkeitsmatrix $\underline{Q}^+$ gebildet wird. Wie auf Seite 25 beschrieben ist, werden in entsprechender Weise auch die Matrizen $\underline{A}$, $\underline{B}$ und $\underline{C}$ umgeordnet und anschliessend mit $\underline{A}^+$, $\underline{B}^+$ und $\underline{C}^+$ bezeichnet. Wenn die ersten q Reihen von $\underline{Q}$ von vornherein den Rang q haben (was in vielen Fällen zutrifft) und auch aus anderen Gründen keine Umordnung angestrebt wird, so sind die mit dem hochgestellten + Zeichen gekennzeichneten Größen gleich den entsprechenden Größen des Originalsystems (2.1), also $\underline{Q}_1^+ = \underline{Q}_1$, $\underline{Q}^+ = \underline{Q}$, $\underline{A}^+ = \underline{A}$, $\underline{A}_{11}^+ = \underline{A}_{11}$ usw.

Die Ermittlung des vollständig steuerbaren und des nicht steuerbaren Untersystems kann auf zwei Wegen durchgeführt werden. Der erste Weg besteht in der äquivalenten Transformation über die Gleichungen (2.32) bis (2.34) zu dem System (2.16), in dem sofort die gesuchten Untersysteme erkennbar sind. (Definition 2.11 und Bild 1). Als Transformationsmatrix dient dabei $\hat{\underline{T}}(t)$ nach (2.27) mit $\underline{K}(t)$ nach (2.30) bzw. (2.31). Bei dem zweiten Weg bestimmt man die gesuchten Untersysteme direkt durch die expliziten Gleichungen (2.43) und (2.44) für diese Teilsysteme. In diesen Gleichungen bedeuten $\underline{A}_{11}^+$, $\underline{A}_{12}^+$ usw. die Untermatrizen in $\underline{A}^+$, die den Untermatrizen in $\hat{\underline{A}}$ nach (2.16) entsprechen. $\underline{B}_1^+$ ist gleich den ersten q Zeilen von $\underline{B}^+$, $\underline{C}_1^+$ gleich den ersten q Spalten und $\underline{C}_2^+$ gleich den übrigen (n-q) Spalten von $\underline{C}^+$. Die Matrix $\underline{K}$ ist wiederum durch (2.30) bzw. (2.31) gegeben. Bei diesem zweiten Weg ist der Aufwand gegenüber dem ersteren erheblich verringert, insbesondere weil die Inversion der nxn Matrix $\hat{\underline{T}}$ vermieden wird.

In [7] wird eine explizite Gleichung für das vollständig steuerbare Untersystem angegeben, bei der die Zustandsmatrix $\hat{\underline{A}}_{11}$ über die Steuerbarkeitsmatrix und eine darauf bezogene Matrix errechnet wird. Dieser Weg ist jedoch aufwendiger als der hier angegebene und führt nicht auf die Gleichung für das nicht steuerbare Untersystem.

Das steuerbare Untersystem (2.17) bzw. (2.43) stellt die minimale Systemrealisierung dar, wenn das System (2.1) nicht vollständig steuerbar, jedoch vollständig beobachtbar ist. (Entsprechendes gilt natürlich für das System (2.19), wenn das System (2.1) vollständig steuerbar ist.) Wenn das Originalsystem (2.1) zusätzlich nicht vollständig beobachtbar ist, so ist ein zweiter Reduzierungsschritt erforderlich. Bei diesem zweiten Schritt geht man von dem Untersystem

(2.17) bzw. (2.43) aus, das alle steuerbaren Zustandsvariablen des System (2.1)
vereinigt und wendet die Definition 2.12 auf duale Weise zu dem hier dargestell--
ten Reduzierungsschritt an. Als Ergebnis erhält man aus dem System (2.17) bzw.
(2.43) das vollständig beobachtbare Untersystem, das natürlich auch vollständig
steuerbar ist und somit die minimale Systemrealisierung darstellt, und weiterhin das nicht beobachtbare Untersystem, das aber vollständig steuerbar ist. In
[7] wird gezeigt, daß bei analytischen Systemen die Ordnung dieses minimalen
Systems gleich dem Rang der Matrix ist, die durch Multiplikation der Steuerbarkeitsmatrix (Gl. (2.7)) und der Beobachtbarkeitsmatrix (Gl. (2.13)) des Originalsystems (2.1) entsteht.

Beispiel

Als Beispiel soll für das folgende nicht steuerbare System das vollständig
steuerbare und das nicht steuerbare Untersystem bestimmt werden.

$$\underline{\dot{x}} = \begin{bmatrix} 1 & -\sin 2t & \cos 2t \\ 0 & 0 & -2 \\ 0 & 2 & 0 \end{bmatrix} \underline{x} + \begin{bmatrix} \sin t \\ \cos t \\ \sin t \end{bmatrix} u \tag{2.45a}$$

$$\underline{y} = \begin{bmatrix} 0 & 0 & 1 \\ 0 & 1 & 0 \end{bmatrix} \underline{x} \tag{2.45b}$$

Für die Steuerbarkeitsmatrix erhält man nach (2.7)

$$\underline{Q} = \begin{bmatrix} \sin t & -\cos t & -\sin t \\ \cos t & -\sin t & -\cos t \\ \sin t & \cos t & -\sin t \end{bmatrix} \tag{2.46}$$

$\underline{Q}$ hat den Rang 2. Da auch die ersten beiden Zeilen von $\underline{Q}$ diesen Rang haben (mit
Ausnahme für $\cos 2t = 0$), werden sie als $\underline{Q}_1^+$ (Gl. (2.28)) gewählt, so daß $\underline{Q}_1^+ = \underline{Q}_1$
und $\underline{Q}^+ = \underline{Q}$ ist. Die ersten beiden Spalten von $\underline{Q}_1$ bilden (bis auf den Wert
$\cos 2t = 0$, der im folgenden ausgeschlossen wird) eine 2x2 Matrix mit dem Rang 2.
Diese Matrix wird als $\underline{Q}_{11}$ benutzt, womit auch $\underline{Q}_{21}$ festgelegt ist:

$$\underline{Q}_{11} = \begin{bmatrix} \sin t & -\cos t \\ \cos t & -\sin t \end{bmatrix} \qquad\qquad \underline{Q}_{21} = [\sin t \quad \cos t] \quad ,$$

Nach (2.31) errechnet sich damit für $\underline{K}(t)$

$$\underline{K}(t) = \left[-\frac{1}{\cos 2t} \quad \frac{\sin 2t}{\cos 2t} \right] \tag{2.47}$$

Aufgrund der Wahl von $\underline{Q}_1^+$ ist kein Umsortieren der Matrizen des Systems (2.45) erforderlich und es gilt $\underline{A}^+ = \underline{A}^+$, $\underline{B}^+ = \underline{B}$, $\underline{C}^+ = \underline{C}$. Daher ergeben sich unmittelbar die Untermatrizen:

$$\underline{A}_{11} = \begin{bmatrix} 1 & -\sin 2t \\ 0 & 0 \end{bmatrix} \quad ; \quad \underline{A}_{12} = \begin{bmatrix} \cos 2t \\ -2 \end{bmatrix} \quad ; \quad \underline{A}_{21} = \begin{bmatrix} 0 & 2 \end{bmatrix} \quad ; \quad \underline{A}_{22} = 0$$

$$\underline{B}_1 = \begin{bmatrix} \sin t \\ \cos t \end{bmatrix} \quad ; \quad \underline{C}_1 = \begin{bmatrix} 0 & 0 \\ 0 & 1 \end{bmatrix} \quad ; \quad \underline{C}_2 = \begin{bmatrix} 1 \\ 0 \end{bmatrix}$$

Damit erhält man für das gegebene System (2.45) nach (2.43) das vollständig steuerbare Untersystem

$$\dot{\hat{\underline{x}}}_1 = \begin{bmatrix} 0 & 0 \\ \dfrac{2}{\cos 2t} & -2\mathrm{tg}2t \end{bmatrix} \hat{\underline{x}}_1 + \begin{bmatrix} \sin t \\ \cos t \end{bmatrix} u \tag{2.48a}$$

$$\underline{y} = \begin{bmatrix} -\dfrac{1}{\cos 2t} & \mathrm{tg}2t \\ 0 & 1 \end{bmatrix} \hat{\underline{x}}_1 \tag{2.48b}$$

und nach (2.44) das nicht steuerbare Untersystem

$$\dot{\hat{x}}_2 = [1+2\mathrm{tg}2t]\hat{x}_2 \tag{2.49a}$$

$$\hat{\underline{y}} = \begin{bmatrix} 1 \\ 0 \end{bmatrix} \hat{x}_2 \tag{2.49b}$$

3. Die kanonischen Formen

Die Merkmale kanonischer Formen bestehen in einer übersichtlichen Strukturierung, die die Dynamik der Untersysteme sowie die Kopplungsterme erkennen läßt, und in einer vergleichsweise niedrigen Anzahl von Parametern. Ein zeitvariables System n-ter Ordnung mit einem Eingang und einem Ausgang hat z.B. in einer kanonischen Form 2n Parameter gegenüber $2n+n^2$ in einer allgemeinen Form, da in der kanonischen Form nur die letzte Zeile oder Spalte der Zustandsmatrix sowie der Eingangsvektor oder der Ausgangsvektor besetzt sind. Entsprechendes gilt in größerem Maße für Mehrgrößensysteme. In diesem Kapitel sollen die kanonischen Formen in ihrem grundlegenden Aufbau für minimale Steuerbarkeit und Beobachtbarkeit dargestellt werden.

Zur Bildung der kanonischen Formen muß das Problem gelöst werden, von einer gegebenen Systemdarstellung ausgehend die gewünschte Systembeschreibung der gleichen dynamischen Ordnung durch eine äquivalente Transformation zu bestimmen. Die dazu erforderlichen Grundbeziehungen wurden in Abschnitt 2.1 behandelt und werden im folgenden zusammengestellt, wobei die ursprüngliche Gleichungsnumerierung beibehalten wird.

Das Originalsystem n-ter Ordnung mit dem r-dimensionalen Eingangsvektor $\underline{u}$ und dem s-dimensionalen Ausgangsvektor $\underline{y}$

$$\underline{\dot{x}} = \underline{A}(t)\underline{x} + \underline{B}(t)\underline{u} \tag{2.1a}$$

$$\underline{y} = \underline{C}(t)\underline{x} \tag{2.1b}$$

soll mit der äquivalenten Transformation ($\underline{T}(t)$ ist eine nxn Matrix)

$$\underline{z} = \underline{T}(t)\underline{x} \tag{2.3}$$

in das System überführt werden

$$\underline{\dot{z}} = \underline{\check{A}}(t)\underline{z} + \underline{\check{B}}(t)\underline{u} \tag{2.2a}$$

$$\underline{y} = \underline{\check{C}}(t)\underline{z} \tag{2.2b}$$

Das System (2.2) soll bei dieser Aufgabenstellung eine kanonische Struktur haben. Zwischen den Systemmatrizen von den Systemen (2.1) und (2.2) bestehen die Umrechnungsformeln:

$$\check{\underline{A}} = (\underline{T}\,\underline{A} + \dot{\underline{T}})\underline{T}^{-1} \tag{2.4}$$

$$\check{\underline{B}} = \underline{T}\,\underline{B} \tag{2.5}$$

$$\check{\underline{C}} = \underline{C}\,\underline{T}^{-1} \tag{2.6}$$

Weiterhin gilt die Beziehung zwischen den zugehörigen Steuerbarkeitsmatrizen

$$\check{\underline{Q}}_c' = \underline{T}\,\underline{Q}_c \tag{2.9}$$

und zwischen den Beobachtbarkeitsmatrizen

$$\check{\underline{Q}}_0 = \underline{Q}_0\,\underline{T}^{-1} \tag{2.15}$$

3.1 Die Steuerungsnormalform

Die Beobachtungsnormalform für Mehrgrößensysteme, die in Abschnitt 3.2 dargestellt wird, wurde für zeitinvariante Systeme in [9] und auf der Grundlage der minimalen Beobachtbarkeit für den zeitvariablen Fall in [10] behandelt. Die in diesem Abschnitt betrachtete Steuerungsnormalform kann auf eine entsprechende Weise abgeleitet werden.

Für die Bildung der im folgenden bestimmten Steuerungsnormalform wird vorausgesetzt, daß das zugrunde liegende System gleichmäßig und minimal steuerbar ist. Diese Begriffe wurden in Abschnitt 2.2 definiert. Die gesuchte Steuerungsnormalform für Mehrgrößensysteme wird wie folgt bezeichnet:

$$\dot{\underline{z}}(t) = \overline{\underline{A}}(t)\,\underline{z}(t) + \overline{\underline{B}}(t)\,\underline{u}(t) \tag{3.1a}$$

$$\underline{y}(t) = \overline{\underline{C}}(t)\,\underline{z}(t) \;, \tag{3.1b}$$

wobei $\overline{\underline{z}}$ der n-dimensionale Zustandsvektor, $\underline{u}$ der r-dimensionale Eingangsvektor und $\underline{y}$ der s-dimensionale Ausgangsvektor ist. Die Matrizen $\overline{\underline{A}}(t)$, $\overline{\underline{B}}(t)$ und $\overline{\underline{C}}(t)$ haben die dazu entsprechende Ordnung. In der Gleichungszusammenstellung am Anfang dieses Kapitels entspricht die allgemeine Gleichung des transformierten Systems (2.2) dem obigen System (3.1).

Die Transformation von System (2.1) zu System (3.1) wird mittels einer geeignet angesetzten Steuerbarkeitsmatrix durchgeführt, so daß zunächst dieser Problemkreis betrachtet werden soll. Die Steuerbarkeitsmatrix des Systems (2.1) ebenso wie des Systems (3.1) ist eine nxrn Matrix (Gl. (2.7)), die bei Steuerbarkeit den Rang n haben muß. Wenn man aus dieser nxrn Matrix eine nxn Matrix mit dem Rang n aufstellen will, so besteht im allgemeinen eine gewisse Willkür in der Auswahl der Spalten. Wie später erkennbar wird, wird im vorliegenden Fall der folgende Aufbau der nxn Steuerbarkeitsmatrix $\underline{Q}_c$ des Systems (2.1) und der nxn Steuerbarkeitsmatrix $\overline{\underline{Q}}_c$ des Systems (3.1) gewählt, wobei die Definition (2.7) zugrunde liegt: *)

$$\underline{Q}_c = [\underline{b}_1, L_A^*\underline{b}_1, \ldots, L_A^{*n_1-1}\underline{b}_1 \mid \underline{b}_2, L_A^*\underline{b}_2, \ldots, L_A^{*n_2-1}\underline{b}_2 \mid \ldots L_A^{*n_r-1}\underline{b}_r] \qquad (3.2)$$

$$\overline{\underline{Q}}_c = [\overline{\underline{b}}_1, L_{\overline{A}}^*\overline{\underline{b}}_1, \ldots, L_{\overline{A}}^{*n_1-1}\overline{\underline{b}}_1 \mid \overline{\underline{b}}_2, L_{\overline{A}}^*\overline{\underline{b}}_2, \ldots, L_{\overline{A}}^{*n_2-1}\overline{\underline{b}}_2 \mid \ldots L_{\overline{A}}^{*n_r-1}\overline{\underline{b}}_r] \qquad (3.3)$$

$\underline{b}_i$ bzw. $\overline{\underline{b}}_i$ (i = 1,2,...,r) ist dabei die i-te Spalte der Eingangsmatrix $\underline{B}(t)$ bzw. $\overline{\underline{B}}(t)$; mit n_i (i = 1,2,...,r) wird die Ordnung des i-ten Untersystems bezeichnet, wobei gilt:

$$n_1 + n_2 + \ldots + n_r = n \qquad (3.4)$$

Bei der hier behandelten Steuerungsnormalform, die die minimale Anzahl von Parametern für die vorgegebene Systemstruktur enthalten soll, ist die Ordnung der Untersysteme n_i nicht in gewissen Grenzen wählbar, sondern durch "vollständige Ketten" festgelegt. Mit der Bildung vollständiger Ketten ist das Folgende gemeint: **)

In (3.2) beginnt man mit $\underline{b}_1$, bildet $L_A^*\underline{b}_1$, $L_A^{*2}\underline{b}_1$ usw., bis die erste, von den vorhergehenden Spalten linear abhängige Spalte auftritt. Bei dieser Spalte, in diesem Fall $L_A^{*n_1}\underline{b}_1$, wird die Reihe abgebrochen, so daß die auf $\underline{b}_1$ basierende vollständige Kette mit $\underline{b}_1$ beginnt und bei $L_A^{*n_1-1}\underline{b}_1$ aufhört. n_1 ist damit die Ordnung des ersten Untersystems.

---

*) Für die in (3.2) und (3.3) beschriebenen nxn Steuerbarkeitsmatrizen wird keine neue Kennzeichnung eingeführt, um die Übersichtlichkeit zu erhalten. In diesem Kapitel sind bei den Steuerbarkeits- und Beobachtbarkeitsmatrizen stets die nxn Matrizen gemeint.

**) Bezüglich kanonischer Formen ohne die Bildung "vollständiger Ketten" wird auf [9] und [11] verwiesen; das Prinzip wird in Kapitel 5 benutzt.

Die zweite Kette fängt mit $\underline{b}_2$, $L_A^* \underline{b}_2$ usw. an, wobei für jede weitere Spalte nicht nur die lineare Unabhängigkeit von den auf $\underline{b}_2$ basierenden Termen, sondern von $\underline{allen}$ vorhergehenden Spalten, also auch von $\underline{b}_1$ ... $L_A^{*n_1-1}\underline{b}_1$ geprüft werden muß. Die erste linear abhängige Spalte $L_A^{*n_2}\underline{b}_2$ und alle folgenden Ausdrücke dieser Reihe werden wiederum fortgelassen und man fährt fort mit $\underline{b}_3$ usw. Auf diese Weise gelangt man bis zu dem letzten Ausdruck $L_A^{*n_r-1}\underline{b}_r$ in (3.2), wobei gewährleistet ist, daß erstens alle n-Spalten in $\underline{Q}_c$ (Gl. (3.2)) linear unabhängig sind und zweitens bezüglich $\underline{b}_i$ in der Reihenfolge i = 1,2,...,r stets vollständige Ketten gebildet worden sind. Die Matrix $\overline{\underline{Q}}_c$ ist in derselben Weise wie $\underline{Q}_c$ aufgebaut, wobei aufgrund von (2.9) bei einer äquivalenten Transformation die lineare Unabhängigkeit der Spalten erhalten bleibt.

Entsprechend zu dem Aufbau der nxn Steuerbarkeitsmatrizen $\underline{Q}_c(t)$ und $\overline{\underline{Q}}_c(t)$ können die Matrizen $\overline{\underline{A}}(t)$, $\overline{\underline{B}}(t)$ und $\overline{\underline{C}}(t)$ der gesuchten Form (3.1) wie folgt angesetzt werden:

Die nxn Matrix $\overline{\underline{A}}$ hat die Struktur

$$\overline{\underline{A}}(t) = \begin{bmatrix} \underline{M}_1 & \underline{N}_{12} & \underline{N}_{13} & \cdots & \underline{N}_{1,r} \\ \underline{0} & \underline{M}_2 & \underline{N}_{23} & \cdots & \underline{N}_{2,r} \\ \underline{0} & \underline{0} & \underline{M}_3 & \cdots & \underline{N}_{3,r} \\ & & & & \\ \underline{0} & & & & \\ \underline{0} & \cdots & & \cdots \underline{0} & \underline{M}_r \end{bmatrix} \tag{3.5}$$

mit $\underline{M}_i$ als $n_i \times n_i$ Matrix und $\underline{N}_{i,j}$ als $n_i \times n_j$ Matrix für i = 1,2,...,r und j = 2,3,...,r:

$$\underline{M}_i(t) = \begin{bmatrix} 0 & 0 & \ldots & 0 & a_{i,1} \\ 1 & 0 & \ldots & 0 & a_{i,2} \\ 0 & 1 & \ldots & 0 & a_{i,3} \\ & & & & \\ 0 & & \ldots & 1 & a_{i,n_i} \end{bmatrix} \tag{3.6} \qquad \underline{N}_{i,j}(t) = \begin{bmatrix} 0 & \ldots & 0 & a_{i,1}^j \\ 0 & \ldots & 0 & a_{i,2}^j \\ 0 & \ldots & 0 & a_{i,3}^j \\ & & & \\ 0 & \ldots & 0 & a_{i,n_i}^j \end{bmatrix} \tag{3.7}$$

Für die nxr Matrix $\bar{\underline{B}}(t)$ gilt

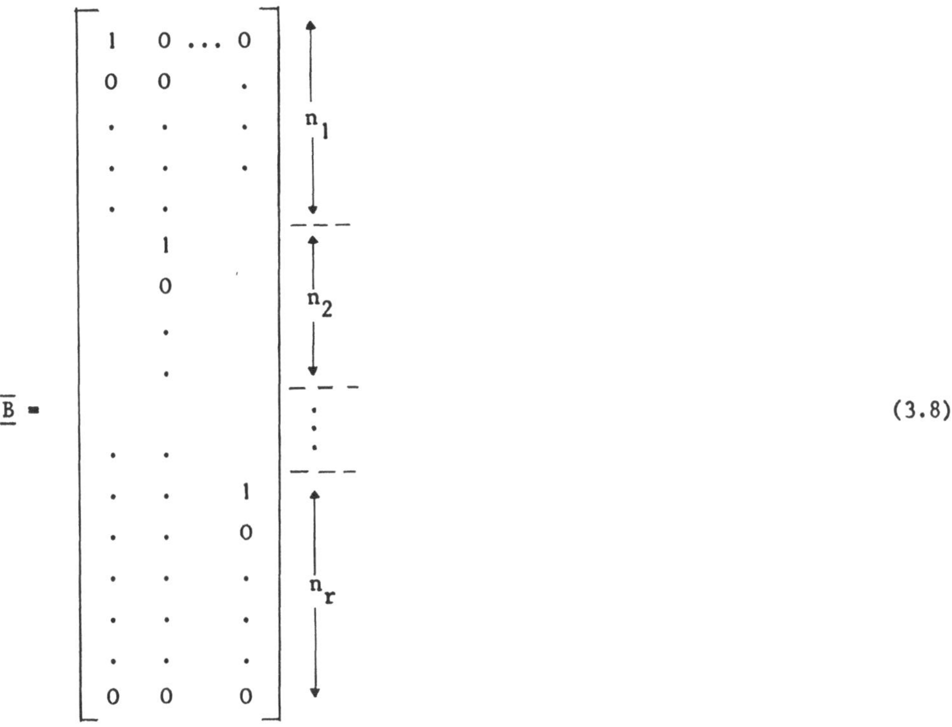

$$\bar{\underline{B}} = \qquad\qquad\qquad\qquad\qquad\qquad\qquad (3.8)$$

Die sxn Ausgangsmatrix $\bar{\underline{C}}$ hat die Form

$$\bar{\underline{C}}(t) = [\underline{C}\,\underline{b}_1,\ \underline{C}\,L_A^*\underline{b}_1,\ \dots\ \underline{C}\,L_A^{*n_1-1}\underline{b}_1 \mid \underline{C}\,\underline{b}_2,\ \dots,\ \underline{C}\,L_A^{*n_2-1}\underline{b}_2 \mid \dots,\ \underline{C}\,L_A^{*n_r-1}\underline{b}_r]$$

$$(3.9)$$

Im folgenden wird nun gezeigt, daß unter den angegebenen Voraussetzungen
die in den Gleichungen (3.5) bis (3.9) genannte Struktur der Steuerungsnormalform richtig ist und zugleich explizite Ausdrücke für die Bestimmung
der Parameter $a_{i,k}^{j}(t)$ angegeben werden können.

Aus (3.3) in Verbindung mit (3.5) und (3.8) folgt, daß die Steuerbarkeitsmatrix $\bar{\underline{Q}}_c$ der Steuerungsnormalform gleich der Einheitsmatrix ist, d.h.

$$\bar{\underline{Q}}_c = \underline{I} \qquad\qquad\qquad\qquad (3.10)$$

Nach (2.9) besteht zwischen den Steuerbarkeitsmatrizen der Systeme (2.1)
und (3.1) die Beziehung

$$\overline{\underline{Q}}_c = \overline{\underline{T}} \, \underline{Q}_c \tag{3.11}$$

Damit folgt über (3.10) die nxn Transformationsmatrix

$$\overline{\underline{T}} = \underline{Q}_c^{-1} \; , \tag{3.12}$$

die das allgemeine System (2.1) in die äquivalente Steuerungsnormalform (3.1) überführt. Die äquivalente Transformation zwischen System (2.1) und der Steuerungsnormalform (3.1) kann also nur dann durchgeführt werden, wenn das System (2.1) gleichmäßig steuerbar ist, d.h. $\underline{Q}_c(t)$ für jeden Zeitpunkt t den Rang n hat.

Wenn man diese Transformationsmatrix (3.12) in die Umrechnungsgleichungen (2.4), (2.5) und (2.6), die auf System (2.1) bezogen werden, einsetzt, so ergeben sich die folgenden Beziehungen:

Aus (2.4) erhält man

$$\overline{\underline{A}} = [\underline{Q}_c^{-1} \, \underline{A} + (\underline{Q}_c^{-1})^\bullet \,] \underline{Q}_c \tag{3.13}$$

oder mit $(\underline{Q}_c^{-1})^\bullet = - \underline{Q}_c^{-1} \, \dot{\underline{Q}}_c \, \underline{Q}_c^{-1}$

$$\overline{\underline{A}} = \underline{Q}_c^{-1} [\underline{A} \, \underline{Q}_c - \dot{\underline{Q}}_c]$$

Daraus ergibt sich mit Definition (2.8)

$$\overline{\underline{A}} = \underline{Q}_c^{-1} \, L_A^* \underline{Q}_c$$

oder

$$\underline{Q}_c \, \overline{\underline{A}} = L_A^* \, \underline{Q}_c \tag{3.14}$$

Wenn man die rechte Gleichungsseite $L_A^* \underline{Q}_c$ unter Verwendung von (3.2) ausrechnet, so entsteht aus (3.14)

$$\underline{Q}_c \, \overline{\underline{A}} = [L_A^* \underline{b}_1, \, L_A^{*2} \underline{b}_1, \ldots, L_A^{*n_1} \underline{b}_1 \mid L_A^* \underline{b}_2, \, L_A^{*2} \underline{b}_2, \ldots, L_A^{*n_2} \underline{b}_2 \mid \ldots, L_A^{*n_r} \underline{b}_r] \tag{3.15}$$

Für $\overline{\underline{B}}$ gilt nach (2.5)

$$\overline{\underline{B}} = \underline{Q}_c^{-1}\,\underline{B} \tag{3.16}$$

oder

$$\underline{Q}_c\,\overline{\underline{B}} = \underline{B}\,, \tag{3.17}$$

und für $\overline{\underline{C}}$ ergibt sich aus (2.6)

$$\overline{\underline{C}} = \underline{C}\,\underline{Q}_c \tag{3.18}$$

Wenn der Ansatz für die Steuerungsnormalform richtig ist, so müssen die abgeleiteten Transformationsbeziehungen (3.15), (3.17) und (3.18) für die Matrizen (3.5), (3.8) bzw. (3.9) identisch erfüllt sein.

Zunächst wird die Gleichung (3.15) betrachtet: Nach der Berechnung des Matrizenproduktes $\underline{Q}_c \cdot \overline{\underline{A}}$ auf der linken Seite von (3.15) mit (3.2) und (3.5) erkennt man, daß alle Spalten auf der einen Seite von (3.15) verglichen mit den entsprechenden Spalten auf der anderen Gleichungsseite den gleichen Ausdruck enthalten und somit die Identitätsbedingung unmittelbar erfüllen. Eine Ausnahme bilden nur die n_1-te, (n_1+n_2)te, ..., $(n_1+n_2+...+n_r)$te Spalte. Da aber auch jeweils die n_1-te, ..., $(n_1+n_2+...+n_r)$te Spalte auf beiden Seiten gleich sein muß, so ergeben sich die folgenden Forderungen, die zugleich als Bestimmungsgleichung für die Parameter in (3.5) dienen können.

Aus der Identität der n_1-ten Spalten folgt:

$$a_{11}\underline{b}_1 + a_{12}\,L_A^{*}\underline{b}_1 + \ldots + a_{1,n_1}\,L_A^{*n_1-1}\underline{b}_1 = L_A^{*n_1}\underline{b}_1 \tag{3.19}$$

Da die Ausdrücke $\underline{b}_1$, $L_A^{*}\underline{b}_1$ ... $L_A^{*n_1-1}\underline{b}_1$ bei der Aufstellung von $\underline{Q}_c$ so ausgesucht wurden, daß sie linear unabhängig sind und $L_A^{*n_1}\underline{b}_1$ linear abhängig ist, können aus (3.19) die Parameter a_{11}, ..., a_{1,n_1} ermittelt werden:

$$[\underline{b}_1,\,L_A^{*}\underline{b}_1,\,\ldots,\,L_A^{*n_1-1}\underline{b}_1][a_{11},\,a_{12},\,\ldots,\,a_{1,n_1}]' = L_A^{*n_1}\underline{b}_1$$

oder

$$[a_{11},\,a_{12},\,\ldots,\,a_{1,n_1}]' = [\underline{b}_1,\,L_A^{*}\underline{b}_1,\,\ldots,\,L_A^{*n_1-1}\underline{b}_1]^{-1}\,L_A^{*n_1}\underline{b}_1 \tag{3.20}$$

Betrachtet man die beiden sich entsprechenden (n_1+n_2)ten Spalten, so erhält man:

$$a^2_{11}\underline{b}_1 + a^2_{12} L_A^{*}\underline{b}_1 + \ldots + a^2_{1,n_1} L_A^{*n_1-1}\underline{b}_1 + a_{21}\underline{b}_2 + a_{22} L_A^{*}\underline{b}_2 + \ldots$$

$$\ldots + a_{2,n_2} L_A^{*n_2-1}\underline{b}_2 = L_A^{*n_2}\underline{b}_2 \tag{3.21}$$

Nach Voraussetzung sind die Ausdrücke $\underline{b}_1$, $\ldots$, $L_A^{*n_2-1}\underline{b}_2$ linear unabhängig von $L_A^{*n_2}\underline{b}_2$ ist linear abhängig, so daß aus der folgenden Beziehung die Parameter $a_{11} \ldots a^2_{1,n_1}$, a_{21}, $\ldots$, a_{2,n_2} bestimmt werden können:

$$[\underline{b}_1, L_A^{*}\underline{b}_1, \ldots, L_A^{*n_1-1}\underline{b}_1][a^2_{11}, a^2_{12}, \ldots, a^2_{1,n_1}]'$$

$$+ [\underline{b}_2, L_A^{*}\underline{b}_2, \ldots, L_A^{*n_2-1}\underline{b}_2][a_{21}, a_{22}, \ldots, a_{2,n_2}]' = L_A^{*n_2}\underline{b}_2 \tag{3.22}$$

In derselben Weise lassen sich auch die übrigen Parameter von $\overline{A}(t)$ in (3.5) ermitteln und zwar gilt die allgemeine Gleichung für $\nu = 1,2,\ldots,r$

$$L_A^{*n_\nu}\underline{b}_\nu = \sum_{i=1}^{\nu} [\underline{b}_i, L_A^{*}\underline{b}_i, \ldots, L_A^{*n_i-1}\underline{b}_i][a^\nu_{i,1}, a^\nu_{i,2}, \ldots, a^\nu_{i,n_i}] \tag{3.23}$$

mit $a^\nu_{\nu,k} = a_{\nu,k}$.

Damit ist bewiesen worden, daß der Ansatz für die Zustandsmatrix $\overline{A}(t)$ (Gln. (3.5), (3.6) und (3.7)) der Steuerungsnormalform richtig ist und daß eine Beziehung (Gl. (3.23)) zur expliziten Bestimmung der Parameter von $\overline{A}$ angegeben werden kann.

Wenn man in Gleichung (3.17) $\underline{Q}_c$ nach (3.2) und $\overline{B}$ nach (3.8) einsetzt und die Matrizenmultiplikation durchführt, so sind die beiden Seiten von (3.17) identisch gleich, d.h. der angesetzte Aufbau von $\overline{B}$ ist zulässig. Der in (3.9) angegebene Ausdruck für $\overline{C}(t)$ folgt unmittelbar aus (3.18), wenn $\underline{Q}_c$ die Form (3.2) hat.

Damit ist gezeigt worden, daß ein allgemeines System (2.1) in die Steuerungsnormalform (3.1) mit den Matrizenstrukturen (3.5), (3.8) und (3.9) transformiert werden kann, sofern die Steuerungsmatrix $\underline{Q}_c$ in der Form (3.2) mit vollständigen Ketten aufgebaut wird. Die gleichmäßige Steuerbarkeit ist dabei eine notwendige, die minimale Steuerbarkeit eine hinreichende Bedingung für die Existenz der Steuerungsnormalform. Die letztere Bedingung kann durch eine duale Betrachtung zu [10] bewiesen werden.

Beispiele

Als veranschaulichendes Beispiel wird für ein allgemeines System die Steuerungsnormalform aufgestellt. Es wird ein gleichmäßig und minimal steuerbares System der Form

$$\dot{\underline{x}} = \underline{A}(t)\underline{x} + \underline{B}(t)\underline{u}$$

$$\underline{y} = \underline{C}(t)\underline{x}$$

mit der Ordnung $n = 6$ und $r = 3$ Eingangsgrößen zugrunde gelegt. Nach dem oben beschriebenen Schema stellt man zunächst die zugehörige Steuerbarkeitsmatrix auf. Dabei ergebe sich eine lineare Abhängigkeit der Größen $L_A^{*}\underline{b}_1$ von $\underline{b}_1$, $L_A^{*2}\underline{b}_2$ von $\underline{b}_1$, $\underline{b}_2$, $L_A^{*}\underline{b}_2$ und $L_A^{*3}\underline{b}_3$ von $\underline{b}_1$, ..., $L_A^{*2}\underline{b}_3$, wobei die Ausdrücke $\underline{b}_1$, ..., $L_A^{*2}\underline{b}_3$ linear unabhängig sein müssen. Daraus folgt nach (3.2) für die $n \times n$ Steuerbarkeitsmatrix $\underline{Q}_c$:

$$\underline{Q}_c = [\underline{b}_1 \mid \underline{b}_2, L_A\underline{b}_2 \mid \underline{b}_3, L_A\underline{b}_3, L_A^2\underline{b}_3] \tag{3.24}$$

Die Ordnung der Untersysteme ergibt sich damit zu $n_1 = 1$, $n_2 = 2$ und $n_3 = 3$.

Die gesuchte Steuerungsnormalform kann dann mit den Gleichungen (3.5), (3.6), (3.7), (3.8) und (3.9) wie folgt aufgestellt werden:

$$\dot{\underline{z}} = \left[\begin{array}{c|cc|ccc}
a_{11} & 0 & a_{11}^2 & 0 & 0 & a_{11}^3 \\
\hline
0 & 0 & a_{21} & 0 & 0 & a_{21}^3 \\
0 & 1 & a_{22} & 0 & 0 & a_{22}^3 \\
\hline
0 & 0 & 0 & 0 & 0 & a_{31} \\
0 & 0 & 0 & 1 & 0 & a_{32} \\
0 & 0 & 0 & 0 & 1 & a_{33}
\end{array}\right] \underline{z} + \left[\begin{array}{c|c|c}
1 & 0 & 0 \\
\hline
0 & 1 & 0 \\
0 & 0 & 0 \\
\hline
0 & 0 & 1 \\
0 & 0 & 0 \\
0 & 0 & 0
\end{array}\right] \underline{u} \tag{3.25a}$$

$$\underline{y} = [\underline{C}\ \underline{b}_1 \mid \underline{C}\ \underline{b}_2,\ \underline{C}\ L_A^*\underline{b}_2 \mid \underline{C}\ \underline{b}_3,\ \underline{C}\ L_A^*\underline{b}_3,\ \underline{C}\ L_A^{*2}\underline{b}_3]\overline{\underline{z}} \qquad (3.25b)$$

Die Koeffizienten $a_{i,k}^{j}(t)$ können rekursiv über die Beziehung (3.23) bestimmt werden:

Für $i = 1$ $(n_1 = 1)$ errechnet sich a_{11}:

$$L_A^*\underline{b}_1 = \underline{b}_1\ a_{11} \qquad (3.26)$$

Bei $i = 2$ $(n_2 = 1)$ ergibt sich a_{11}^2, a_{21}, a_{22}

$$L_A^{*2}\underline{b}_2 = \underline{b}_1\ a_{11}^2 + [\underline{b}_2,\ L_A^*\underline{b}_2]\begin{bmatrix} a_{21} \\ a_{22} \end{bmatrix} \qquad (3.27)$$

und a_{11}^3, a_{21}^3, a_{22}^3, a_{31}, a_{32}, a_{33} erhält man für $i = 3$ $(n_3 = 3)$ über die Gleichung

$$L_A^{*3}\underline{b}_3 = \underline{b}_1\ a_{11}^3 + [\underline{b}_2,\ L_A^*\underline{b}_2]\begin{bmatrix} a_{21}^3 \\ a_{22}^3 \end{bmatrix} + [\underline{b}_3,\ L_A^*\underline{b}_3,\ L_A^{*2}\underline{b}_3]\begin{bmatrix} a_{31} \\ a_{32} \\ a_{33} \end{bmatrix} \qquad (3.28)$$

Die gesuchten Koeffizienten $a_{i,k}^{j}$ sind dabei durch die Beziehungen (3.26), (3.27) und (3.28) eindeutig bestimmt, da $\underline{Q}_c$ in (3.24) in geeigneter Weise aufgestellt wurde: Auf der rechten Seite der Bestimmungsgleichungen treten so viele linear unabhängige Spaltenvektoren wie zu bestimmende Koeffizienten auf und der Vektor auf der linken Gleichungsseite ist von diesen Spaltenvektoren linear abhängig.

In einem zweiten Beispiel soll das folgende zeitvariable System in die Steuerungsnormalform umgewandelt werden:

$$\underline{\dot{x}} = \begin{bmatrix} 3 & 0 & e^{2t} \\ -6e^{-2t} & 3 & 4+e^{t} \\ e^{-2t} & 0 & 2 \end{bmatrix} \underline{x} + \begin{bmatrix} 0 & e^{2t} \\ e^{t} & 2 \\ 0 & 0 \end{bmatrix} \underline{u} \qquad (3.29)$$

Es ist

$$\underline{b}_1 = \begin{bmatrix} 0 \\ e^t \\ 0 \end{bmatrix} \qquad \text{und} \qquad L_A^*\underline{b}_1 = \begin{bmatrix} 0 \\ 2e^t \\ 0 \end{bmatrix} \quad ,$$

d.h. $L_A^*\underline{b}_1$ ist linear abhängig und damit ist die Ordnung des ersten Untersystems $n_1 = 1$.

Weiterhin ist

$$\underline{b}_2 = \begin{bmatrix} e^{2t} \\ 2 \\ 0 \end{bmatrix} \qquad \text{und } L_A^*\underline{b}_2 = \begin{bmatrix} e^{2t} \\ 0 \\ 1 \end{bmatrix} \quad ,$$

so daß die Steuerbarkeitsmatrix die Form hat:

$$\underline{Q}_c = \begin{bmatrix} 0 & e^{2t} & e^{2t} \\ e^t & 2 & 0 \\ 0 & 0 & 1 \end{bmatrix} \tag{3.30}$$

Die Determinante von $\underline{Q}_c$ hat den Wert

$$\det \underline{Q}_c = -e^{3t}$$

und verschwindet damit für keinen endlichen Wert von t, d.h. das betrachtete System ist gleichmäßig steuerbar. Die Ordnung des der zweiten Komponente der Eingangsgröße zugeordneten Untersystems ist damit $n_2 = 2$.

Die Bestimmung der Koeffizienten erfolgt nach der Beziehung (3.23) oder entsprechend zu dem allgemeinen Beispiel nach (3.26) und (3.27), wobei die Bezeichnungen aus (3.5) oder entsprechend aus (3.25a) benutzt werden.

Es ist mit den oben berechneten Größen $\underline{b}_1$ und $L_A^*\underline{b}_1$

$$\begin{bmatrix} 0 \\ 2e^t \\ 0 \end{bmatrix} = a_{11} \cdot \begin{bmatrix} 0 \\ e^t \\ 0 \end{bmatrix} \quad , \quad \text{d.h. } a_{11} = 2.$$

Weiterhin gilt mit

$$L_A^{*2} \underline{b}_2 = \begin{bmatrix} 2e^{2t} \\ e^t - 2 \\ 3 \end{bmatrix}$$

$$\begin{bmatrix} 2e^{2t} \\ e^t - 2 \\ 3 \end{bmatrix} = a_{11}^2 \begin{bmatrix} 0 \\ e^t \\ 0 \end{bmatrix} + a_{21} \begin{bmatrix} e^{2t} \\ 2 \\ 0 \end{bmatrix} + a_{22} \begin{bmatrix} e^{2t} \\ 0 \\ 1 \end{bmatrix} \quad ,$$

woraus folgt:

$$a_{11}^2 = 1 \quad , \qquad a_{21} = -1 \quad , \qquad a_{22} = 3$$

Damit ergibt sich die gesuchte Steuerungsnormalform für System (3.29) zu

$$\underline{\dot{z}} = \left[\begin{array}{c|cc} 2 & 0 & 1 \\ \hline 0 & 0 & -1 \\ 0 & 1 & 3 \end{array} \right] \underline{z} = \left[\begin{array}{c|c} 1 & 0 \\ \hline 0 & 1 \\ 0 & 0 \end{array} \right] \underline{u} \tag{3.31}$$

Das System (3.31) hat im Gegensatz zu dem zeitvariablen Originalsystem (3.29) konstante Koeffizienten; dieses Verhalten wird im allgemeinen Fall natürlich nicht zu erreichen sein. Das vorliegende System ist weiterhin ein Beispiel dafür, daß minimale Steuerbarkeit keine notwendige Bedingung für die Existenz der Steuerungsnormalform ist. Es ist möglich,das betrachtete System nur mit der zweiten Komponente der Eingangsgröße zu steuern, da die aus $\underline{b}_2$, $L_A^* \underline{b}_2$, $L_A^{*2} \underline{b}_2$ gebildete Steuerbarkeitsmatrix den Rang 3 hat. Das gleiche gilt nicht für die erste Komponente der Eingangsgröße.

3.2 Die Beobachtungsnormalform

Die duale kanonische Form zu der in Abschnitt 3.1 behandelten Steuerungsnormalform ist die Beobachtungsnormalform für zeitvariable Mehrgrößensysteme. Da die Beweisführungen entsprechend zu der Steuerungsnormalform
sind, wird die Beobachtungsnormalform nur in der Struktur und in den we-
sentlichsten Punkten dargestellt [9, 10].

Für die Aufstellung der Beobachtungsnormalform wird vorausgesetzt, daß
das System gleichmäßig und minimal beobachtbar ist.

Die Beobachtungsnormalform für Mehrgrößensysteme wird durch die folgenden
Gleichungen beschrieben:

$$\dot{\bar{\bar{z}}}(t) = \bar{\bar{A}}(t)\bar{\bar{z}}(t) + \bar{\bar{B}}(t)\underline{u}(t) \tag{3.32a}$$

$$\underline{y}(t) = \bar{\bar{C}}(t)\bar{\bar{z}}(t) \tag{3.32b}$$

$\bar{\bar{z}}$ stellt den n-dimensionalen Zustandsvektor, $\underline{u}$ den r-dimensionalen Eingangsvektor und $\underline{y}$ den s-dimensionalen Ausgangsvektor dar; die Matrizen $\bar{\bar{A}}(t)$, $\bar{\bar{B}}(t)$
und $\bar{\bar{C}}(t)$ haben eine damit verträgliche Ordnung.

Entsprechend zur Steuerungsnormalform dient auch bei der Beobachtungsnormalform eine geeignet aufgebaute Beobachtbarkeitsmatrix als Transformationsmatrix. Die nxn Beobachtbarkeitsmatrix $\underline{Q}_0$ des Originalsystems (2.1) soll die
folgende Form haben, wobei $\underline{c}_i$ der i-te Zeilenvektor (i = 1,2,...,r) von $\underline{C}$
ist:

$$\underline{Q}_0(t) = \begin{bmatrix} \underline{c}_1 \\ L_A\underline{c}_1 \\ \vdots \\ L_A^{n_1-1}\underline{c}_1 \\ \hline \underline{c}_2 \\ \vdots \\ L_A^{n_2-1}\underline{c}_2 \\ \hline \vdots \\ L_A^{n_s-1}\underline{c}_s \end{bmatrix} \tag{3.33}$$

n_i ist die Ordnung des i-ten Untersystems (i = 1,2,...,s) mit

$$n_1 + n_2 + \ldots + n_s = n \tag{3.34}$$

Gleichartig ist der Aufbau der nxn Beobachtbarkeitsmatrix $\overline{\overline{Q}}_0(t)$ des Systems (3.32)

$$\overline{\overline{Q}}_0(t) = \begin{bmatrix} \overline{\overline{c}}_1 \\ L_{\overline{\overline{A}}}\overline{\overline{c}}_1 \\ \vdots \\ L_{\overline{\overline{A}}}^{n_1-1}\overline{\overline{c}}_1 \\ \hline \overline{\overline{c}}_2 \\ \vdots \\ L_{\overline{\overline{A}}}^{n_2-1}\overline{\overline{c}}_2 \\ \hline \vdots \\ L_{\overline{\overline{A}}}^{n_s-1}\overline{\overline{c}}_s \end{bmatrix} \tag{3.35}$$

wobei $\overline{\overline{c}}_i$ den i-ten Zeilenvektor (i = 1,2,...,s) von $\overline{\overline{C}}$ darstellt.

Wenn die Beobachtungsnormalform eine für diese Struktur minimale Anzahl von Parametern erhalten soll, so müssen entsprechend zu dem Vorgehen in Abschnitt 3.1 die Zeilen von (3.33) so ausgewählt werden, daß "vollständige Ketten" gebildet werden. Das bedeutet, man beginnt mit $\underline{c}_1$, $L_A\underline{c}_1$ usw. und bricht die Reihe ab, wenn das erste linear abhängige Glied auftritt. Bei der vorliegenden Terminologie ist dieses linear abhängige Glied $L_A^{n_1}\underline{c}_1$, womit zugleich die Ordnung n_1 des ersten Untersystems festgelegt ist. In derselben Weise verfährt man bei den nächsten Reihen, wobei stets auf lineare Unabhängigkeit auch zu den vorhergehenden vollständigen Ketten geachtet werden muß. Auf diese Weise erreicht man, daß für i = 1,2,...,s der Ausdruck $L_A^{n_i}\underline{c}_i$ linear abhängig ist von den linear unabhängigen Zeilen $\underline{c}_1$, ..., $L_A^{n_1-1}\underline{c}_1$, $\underline{c}_2$ ... $L_A^{n_2-1}\underline{c}_2$, ..., $L_A^{n_i-1}\underline{c}_i$, die die vollständigen Ketten bilden. Dabei muß zugleich $n_1 + n_2 + \ldots + n_s = n$ erfüllt sein, so daß $\underline{Q}_0(t)$ und $\overline{\overline{Q}}_0(t)$ den Rang n haben, und zwar im gesamten betrachteten Zeitintervall.

Wenn man die nxn Beobachtbarkeitsmatrix $\underline{Q}_o(t)$ in der Form (3.33) mit vollständigen Ketten wählt, so haben die Matrizen $\overline{\underline{A}}(t)$, $\overline{\underline{B}}(t)$ und $\overline{\underline{C}}(t)$ der gesuchten Beobachtungsnormalform (3.32) die folgende Struktur:

Für die nxn Matrix $\overline{\underline{A}}$ gilt

$$\overline{\underline{A}}(t) = \begin{bmatrix} \overline{\underline{M}}_1 & \underline{0} & \underline{0} & \cdots & \underline{0} \\ \overline{\underline{N}}_{21} & \overline{\underline{M}}_2 & \underline{0} & & \underline{0} \\ \overline{\underline{N}}_{31} & \overline{\underline{N}}_{32} & \overline{\underline{M}}_3 & & \underline{0} \\ & & & \ddots & \\ \overline{\underline{N}}_{s,1} & \overline{\underline{N}}_{s,2} & \overline{\underline{N}}_{s,3} & \cdots & \overline{\underline{M}}_s \end{bmatrix} \qquad (3.36)$$

mit den $n_i \times n_i$ Matrizen $\overline{\underline{M}}_i$ und den $n_j \times n_i$ Matrizen $\overline{\underline{N}}_{ji}$:

$$\overline{\underline{M}}_i(t) = \begin{bmatrix} 0 & 1 & 0 & \cdots & 0 \\ 0 & 0 & 1 & \cdots & 0 \\ & & & & \vdots \\ 0 & 0 & 0 & & 1 \\ \overline{a}_{i,1} & \overline{a}_{i,2} & \overline{a}_{i,3} & \cdots & \overline{a}_{i,n_i} \end{bmatrix} \qquad (3.37)$$

für $i = 1,2,\ldots,s$

$$\overline{\underline{N}}_{j,i}(t) = \begin{bmatrix} 0 & 0 & 0 & \cdots & 0 \\ & & & & \vdots \\ 0 & 0 & 0 & \cdots & 0 \\ \overline{a}^{\,j}_{i,1} & \overline{a}^{\,j}_{i,2} & \overline{a}^{\,j}_{i,3} & \cdots & \overline{a}^{\,j}_{i,n_i} \end{bmatrix} \qquad (3.38)$$

für $j = 2,3,\ldots,s$
$i = 1,2,\ldots,s-1$

Die sxn Matrix $\underline{C}$ hat den Aufbau

$$\overline{\underline{C}} = \begin{bmatrix} \overset{\longleftarrow\ n_1\ \longrightarrow}{1\ \ 0 \ldots 0} & & \\ & \overset{\longleftarrow\ n_2\ \longrightarrow}{1\ \ 0 \ldots 0} & \cdots \\ & & \overset{\longleftarrow\ n_s\ \longrightarrow}{1\ \ 0 \ldots 0} \end{bmatrix} \qquad (3.39)$$

und $\overline{\overline{B}}$ ist eine nxr Matrix der Form

$$
\underline{\overline{\overline{B}}} = \begin{bmatrix} \underline{c}_1\,\underline{B} \\[4pt] (L_A\underline{c}_1)\underline{B} \\ \vdots \\ (L_A^{n_1-1}\underline{c}_1)\underline{B} \\ \hline \underline{c}_2\,\underline{B} \\ \vdots \\ (L_A^{n_2-1}\underline{c}_2)\underline{B} \\ \hline \vdots \\ (L_A^{n_r-1}\underline{c}_r)\underline{B} \end{bmatrix} \qquad (3.40)
$$

Die Beobachtbarkeitsmatrix $\overline{\overline{Q}}_0$ der angegebenen Beobachtungsnormalform ist
die Einheitsmatrix, wie aus (3.35) in Verbindung mit (3.36) und (3.39) zu
erkennen ist:

$$
\overline{\overline{Q}}_0 = \underline{I} \qquad (3.41)
$$

Nach Gleichung (2.15) gilt damit für die Transformationsmatrix $\overline{\overline{T}}(t)$, die
das allgemeine System (2.1) in die Beobachtungsnormalform überführt,

$$
\overline{\overline{T}} = \underline{Q}_0 \qquad (3.42)
$$

Setzt man in (3.42) $\underline{Q}_0(t)$ nach (3.33) ein und benutzt dann diese Transformationsmatrix $\underline{T} = \overline{\overline{T}}$ in den Umrechnungsgleichungen (2.4), (2.5) und (2.6)
für $\underline{\breve{A}} = \overline{\overline{A}}$, $\underline{\breve{B}} = \overline{\overline{B}}$ und $\underline{\breve{C}} = \overline{\overline{C}}$, so kann analog zu Abschnitt 3.1 die Richtigkeit der angesetzten Struktur für die Beobachbarkeitsnormalform (3.32) bewiesen werden. Dabei ergeben sich zugleich die Bestimmungsgleichungen für
die Parameter $\overline{a}^{\,\nu}_{i,k}(t)$ in $\overline{\overline{A}}(t)$ (Gl. (3.36)):

$$
L_A^{n_\nu}\underline{c}_\nu = \sum_{i=1}^{\nu} [\overline{a}^{\,\nu}_{i,1},\ \overline{a}^{\,\nu}_{i,2},\ \ldots,\ \overline{a}^{\,\nu}_{i,n_i}][\underline{c}_i,\ L_A\underline{c}_i,\ \ldots,\ L_A^{n_i-1}\underline{c}_i]' \qquad (3.43)
$$

$$
\text{für } \nu = 1,2,\ldots,s \quad \text{und mit } \overline{a}^{\,\nu}_{\nu,k} = \overline{a}_{\nu,k}\ .
$$

Die gesuchte Beobachtungsnormalform (3.32) ist damit durch die Gleichungen
(3.36) mit (3.37) und (3.38), (3.39) und (3.40) bestimmt, wobei die Para-
meter der Zustandsmatrix $\overline{\overline{A}}(t)$ durch (3.43) gegeben sind. Die Beobachtungsnormalform kann natürlich auch durch eine unmittelbare Ausführung der Transformation mit $\overline{\overline{T}} = Q_o$ (Gl. (3.42)) gewonnen werden. Die minimale Beobachtbarkeit ist eine hinreichende, nicht notwendige Bedingung zur Bildung der Beobachtungsnormalform [10].

Beispiel

Als allgemeines Beispiel soll ein dem Beispiel in Abschnitt 3.1 entsprechendes System behandelt werden:

$$\dot{\underline{x}} = \underline{A}(t)\underline{x} + \underline{B}(t)\underline{u}$$

$$\underline{y} = \underline{C}(t)\underline{x}$$

Die Ordnung dieses Systems sei $n = 6$ und die Anzahl der Ausgangsgrößen $s = 3$.
Das System wird als gleichmäßig und minimal beobachtbar vorausgesetzt. Wenn
sich bei der Bildung der Beobachtbarkeitsmatrix ergibt, daß $L_A\underline{c}_1$ von $\underline{c}_1$,
$L_A^2\underline{c}_2$ von $\underline{c}_1$, $\underline{c}_2$, $L_A\underline{c}_2$ und $L_A^3\underline{c}_3$ von $\underline{c}_1$, ..., $L_A^2\underline{c}_3$ linear abhängig ist und die
Ausdrücke $\underline{c}_1$, ..., $L_A^2\underline{c}_3$ gleichzeitig linear unabhängig sind, so gilt nach (3.33):

$$Q_o(t) = \begin{bmatrix} \underline{c}_1 \\ \hline \underline{c}_2 \\ L_A\underline{c}_2 \\ \hline \underline{c}_3 \\ L_A\underline{c}_3 \\ L_A^2\underline{c}_3 \end{bmatrix} \tag{3.44}$$

Die Ordnung des ersten Untersystems ist damit $n_1 = 1$, die des zweiten $n_2 = 2$
und die des dritten $n_3 = 3$.

Aus den Gleichungen (3.36) mit (3.37) und (3.38) sowie (3.39) und (3.40) folgt damit für die Beobachtungsnormalform

$$
\dot{\bar{\bar{z}}} =
\begin{bmatrix}
\bar{a}_{11} & 0 & 0 & 0 & 0 & 0 \\
0 & 0 & 1 & 0 & 0 & 0 \\
\bar{a}^2_{11} & \bar{a}_{21} & \bar{a}_{22} & 0 & 0 & 0 \\
0 & 0 & 0 & 0 & 1 & 0 \\
0 & 0 & 0 & 0 & 0 & 1 \\
\bar{a}^3_{11} & \bar{a}^3_{21} & \bar{a}^3_{22} & \bar{a}_{31} & \bar{a}_{32} & \bar{a}_{33}
\end{bmatrix}
\bar{\bar{z}} +
\begin{bmatrix}
\underline{c}_1 \, \underline{B} \\
\underline{c}_2 \, \underline{B} \\
(L_A \underline{c}_2) \underline{B} \\
\underline{c}_3 \, \underline{B} \\
(L_A \underline{c}_3) \underline{B} \\
(L_A^2 \underline{c}_3) \underline{B}
\end{bmatrix}
\underline{u}
\tag{3.45a}
$$

$$
\underline{y} =
\begin{bmatrix}
1 & 0 & 0 & 0 & 0 & 0 \\
0 & 1 & 0 & 0 & 0 & 0 \\
0 & 0 & 0 & 1 & 0 & 0
\end{bmatrix}
\bar{\bar{z}}
\tag{3.45b}
$$

Mit der Beziehung (3.43) können die gesuchten Koeffizienten in (3.45a) $\bar{a}^j_{i,k}(t)$ errechnet werden, wobei in diesem Beispiel $i = 1,2,3$ und $n_1 = 1$, $n_2 = 2$ und $n_3 = 3$ ist.

$i = 1$:

$$
L_A \underline{c}_1 = \bar{a}_{11} \, \underline{c}_1
\tag{3.46}
$$

$i = 2$:

$$
L_A^2 \underline{c}_2 = \bar{a}^2_{11} \, \underline{c}_1 + [\bar{a}_{21}, \, \bar{a}_{22}]
\begin{bmatrix}
\underline{c}_2 \\
L_A \underline{c}_2
\end{bmatrix}
\tag{3.47}
$$

$i = 3$:

$$
L_A^3 \underline{c}_3 = \bar{a}^3_{11} \, \underline{c}_1 + [\bar{a}^3_{21}, \, \bar{a}^3_{22}]
\begin{bmatrix}
\underline{c}_2 \\
L_A \underline{c}_2
\end{bmatrix}
+ [\bar{a}_{31}, \, \bar{a}_{32}, \, \bar{a}_{33}]
\begin{bmatrix}
\underline{c}_3 \\
L_A \underline{c}_3 \\
L_A^2 \underline{c}_3
\end{bmatrix}
\tag{3.48}
$$

Die Koeffizienten sind dabei eindeutig bestimmt, und zwar ergibt sich $\bar{a}_{11}$ aus (3.46), $\bar{a}^2_{11}$, $\bar{a}_{21}$, $\bar{a}_{22}$ aus (3.47) und $\bar{a}^3_{11}$, $\bar{a}^3_{21}$, $\bar{a}^3_{22}$, $\bar{a}_{31}$, $\bar{a}_{32}$, $\bar{a}_{33}$ aus (3.48).

3.3 Die phasenvariable kanonische Form
(Die Steuerungsnormalform II. Art)

Eine phasenvariable kanonische Form, die im Gegensatz zu der in Abschnitt
3.1 behandelten Steuerungsnormalform I. Art auch als Steuerungsnormalform
II. Art bezeichnet werden kann, wurde erstmals für Mehrgrößensysteme in [9]
angegeben und dann auf den zeitvariablen Fall in [11] erweitert. In [12]
wird eine phasenvariable Form in Hinblick auf den Entwurf von rückgekoppel-
ten Systemen dargestellt. In diesem Abschnitt soll eine phasenvariable kanonische Form abgeleitet werden, die im Vergleich zu den angegebenen Arbeiten die einfachste Struktur mit der kleinsten Anzahl von Parametern hat und
zugleich eine direkte Bestimmung der Parameter ermöglicht [13, 14]. Diese
phasenvariable Form ist zugleich die systematische Fortführung der in den
vorhergehenden Abschnitten dargestellten kanonischen Formen.

Die grundsätzliche Ableitung

Die phasenvariable kanonische Form soll in der folgenden Weise bezeichnet
werden, wobei gleichmäßige und minimale Steuerbarkeit vorausgesetzt wird:

$$\dot{\underline{\tilde{z}}}(t) = \underline{\tilde{A}}(t)\underline{\tilde{z}}(t) + \underline{\tilde{B}}(t)\underline{u}(t) \tag{3.50a}$$

$$\underline{y}(t) = \underline{\tilde{C}}(t)\underline{\tilde{z}}(t) \tag{3.50b}$$

Darin ist $\underline{\tilde{z}}$ der n-dimensionale Zustandsvektor, $\underline{u}$ der r-dimensionale Eingangsvektor und $\underline{y}$ der s-dimensionale Ausgangsvektor; die Matrizen $\underline{\tilde{A}}(t)$,
$\underline{\tilde{B}}(t)$ und $\underline{\tilde{C}}(t)$ haben die dazu entsprechende Ordnung.

Als erster Schritt in der Ableitung der phasenvariablen kanonischen Form
wird das Originalsystem (2.1) in die zugehörige (Standard-) Steuerungsnormalform (3.1) umgewandelt. Für die Steuerungsnormalform gilt nach Abschnitt
3.1

$$\dot{\underline{z}} = \underline{\bar{A}}(t)\underline{z} + \underline{\bar{B}}(t)\underline{u} \quad , \tag{3.1a}$$

wobei die nxn Matrix $\underline{\bar{A}}$ und die nxr Matrix $\underline{\bar{B}}$ die Form hat:

$$\overline{\underline{A}}(t) = \begin{bmatrix} \underline{M}_1 & \underline{N}_{12} & \underline{N}_{13} & \cdots & \underline{N}_{1,r} \\ \underline{0} & \underline{M}_2 & \underline{N}_{23} & & \underline{N}_{2,r} \\ \underline{0} & \underline{0} & \underline{M}_3 & & \underline{N}_{3,r} \\ & & & \ddots & \vdots \\ \underline{0} & \underline{0} & \underline{0} & \cdots & \underline{M}_r \end{bmatrix} \qquad (3.5)$$

mit $\underline{M}_i$ als $n_i \times n_i$ Matrix und $\underline{N}_{i,j}$ als $n_i \times n_j$ Matrix

$$\underline{M}_i(t) = \begin{bmatrix} 0 & 0 & \cdots & 0 & a_{i,1} \\ 1 & 0 & & 0 & a_{i,2} \\ 0 & 1 & & 0 & a_{i,3} \\ & & \vdots & & \\ 0 & 0 & \cdots & 1 & a_{i,n_i} \end{bmatrix} \quad (3.6) \qquad \underline{N}_{i,j}(t) = \begin{bmatrix} 0 & \cdots & 0 & a^j_{i,1} \\ 0 & & 0 & a^j_{i,2} \\ 0 & & 0 & a^j_{i,3} \\ & \vdots & & \\ 0 & \cdots & 0 & a^j_{i,n_i} \end{bmatrix} \quad (3.7)$$

$$\overline{\underline{B}} = \begin{bmatrix} 1 & 0 & \cdots & 0 \\ 0 & 0 & & \\ \vdots & & & \\ & & 1 & \\ & & 0 & \\ & & \vdots & \\ & & & 1 \\ & & & 0 \\ \vdots & \vdots & & \vdots \\ 0 & 0 & & 0 \end{bmatrix} \begin{matrix} \left.\rule{0pt}{3ex}\right\} n_1 \\ \left.\rule{0pt}{3ex}\right\} n_2 \\ \vdots \\ \left.\rule{0pt}{3ex}\right\} n_r \end{matrix} \qquad (3.8)$$

Um die Steuerungsnormalform (3.1) in die gesuchte phasenvariable Steuerungsnormalform (3.50) zu transformieren, wird eine nichtsinguläre Transformation

$$\underline{\tilde{z}} = \underline{\tilde{T}}(t)\,\overline{\underline{z}} \qquad (3.51)$$

durchgeführt. Dann erhält man für die Systemmatrizen der phasenvariablen
Form $\underline{\tilde{A}}(t)$ und $\underline{\tilde{B}}(t)$ nach (2.4) und (2.5)

$$\underline{\tilde{A}} = (\underline{\tilde{T}}\,\underline{\bar{A}} + \underline{\dot{\tilde{T}}})\underline{\tilde{T}}^{-1} \tag{3.52}$$

und

$$\underline{\tilde{B}} = \underline{\tilde{T}}\,\underline{\bar{B}} \tag{3.53}$$

Zwischen den Steuerbarkeitsmatrizen $\underline{\bar{Q}}_c(t)$ und $\underline{\tilde{Q}}_c(t)$, die entsprechend zu
den Systemen (3.1) und (3.50) gehören, gilt nach (2.9) die Gleichung

$$\underline{\tilde{Q}}_c = \underline{\tilde{T}}\,\underline{\bar{Q}}_c \quad . \tag{3.54}$$

Daraus folgt mit der Eigenschaft der Steuerungsnormalform $\underline{\bar{Q}}_c = \underline{I}$
(Gl. (3.10)) für die Transformationsmatrix:

$$\underline{\tilde{T}} = \underline{\tilde{Q}}_c \quad , \tag{3.55}$$

d.h. die Steuerbarkeitsmatrix der gesuchten phasenvariablen kanonischen
Form ist die Transformationsmatrix.

Wenn man (3.55) in die Transformationsbeziehung (3.52) einsetzt und die
Gleichung umformt, so ergibt sich

$$\underline{\tilde{Q}}_c\,\underline{\bar{A}} = \underline{\tilde{A}}\,\underline{\tilde{Q}}_c - \underline{\dot{\tilde{Q}}}_c \tag{3.56}$$

Die Steuerbarkeitsmatrix $\underline{Q}_c$ des Originalsystems hat nach Abschnitt 3.1
korrespondierend zu (3.5) und (3.8) die Struktur

$$\underline{Q}_c = [\underline{b}_1,\, L_A^*\underline{b}_1,\, \ldots, L_A^{*n_1-1}\underline{b}_1 \,|\, \underline{b}_2,\, \ldots, L_A^{*n_2-1}\underline{b}_2,\, |\ldots, L_A^{*n_r-1}\underline{b}_r] \tag{3.2}$$

$\underline{\tilde{Q}}_c$ wird analog angesetzt:

$$\underline{\tilde{Q}}_c = [\underline{\tilde{b}}_1,\, L_{\tilde{A}}^*\underline{\tilde{b}}_1,\, \ldots, L_{\tilde{A}}^{*n_1-1}\underline{\tilde{b}}_1 \,|\, \underline{\tilde{b}}_2,\, \ldots, L_{\tilde{A}}^{*n_2-1}\underline{\tilde{b}}_2 \,|\ldots, L_{\tilde{A}}^{*n_r-1}\underline{\tilde{b}}_r] \tag{3.57}$$

Die rechte Seite der Gleichung (3.56) beinhaltet, daß die Ordnung der
Operatoren in jeder Spalte von $\underline{\tilde{Q}}_c$ (Gl. (3.57)) um eins erhöht wird bzw.

daß jede Spalte von $\underset{\sim}{\underline{Q}}_c$ um eine Stelle nach links verschoben wird. Damit ergibt sich für (3.56)

$$\underset{\sim}{\underline{Q}}_c \,\overline{\underline{A}} = [L_{\underset{\sim}{A}}^{*}\underset{\sim}{\underline{b}}_1,\ L_{\underset{\sim}{A}}^{*2}\underset{\sim}{\underline{b}}_1,\ \ldots,\ L_{\underset{\sim}{A}}^{*n_1}\underset{\sim}{\underline{b}}_1 \,|\, L_{\underset{\sim}{A}}^{*}\underset{\sim}{\underline{b}}_2,\ \ldots,\ L_{\underset{\sim}{A}}^{*n_2}\underset{\sim}{\underline{b}}_2 \,|\, \ldots\ L_{\underset{\sim}{A}}^{*n_r}\underset{\sim}{\underline{b}}_r] \tag{3.58}$$

Setzt man in diese Beziehung $\overline{\underline{A}}$ nach (3.5) ein, so erhält man in gleicher Weise wie in Abschnitt (3.1) aus der Identität der Spalten n_1, n_1+n_2, .., $n_1+n_2+\ldots+n_r$:

$$L_{\underset{\sim}{A}}^{*n_\nu}\underset{\sim}{\underline{b}}_\nu = \sum_{i=1}^{\nu} [\underset{\sim}{\underline{b}}_i,\ L_{\underset{\sim}{A}}^{*}\underset{\sim}{\underline{b}}_i,\ldots,L_{\underset{\sim}{A}}^{*n_i-1}\underset{\sim}{\underline{b}}_i] \cdot [a_{i,1}^\nu,\ a_{i,2}^\nu,\ldots,\ a_{i,n_i}^\nu]' \tag{3.59}$$

$$\text{für } \nu = 1,2,\ldots,r \qquad \text{und} \qquad a_{\nu,k}^\nu = a_{\nu,k} \ .$$

Die Koeffizienten $a_{i,k}^\nu$ sind dabei durch die folgende Beziehung (3.23) aus Abschnitt 3.1 gegeben:

$$L_A^{n_\nu}\underline{b}_\nu = \sum_{i=1}^{\nu} [\underline{b}_i,\ L_A^{*}\underline{b}_i,\ldots,\ L_A^{*n_i-1}\underline{b}_i] \cdot [a_{i,1}^\nu,\ a_{i,2}^\nu,\ldots,\ a_{i,n_i}^\nu]' \tag{3.23}$$

$$\text{für } \nu = 1,2,\ldots,r \qquad \text{und } a_{\nu,k}^\nu = a_{\nu,k}$$

Das System (3.50) kann nur dann die gesuchte Form darstellen, wenn $\underset{\sim}{\underline{A}}(t)$ und $\underset{\sim}{\underline{B}}(t)$ eine phasenvariable kanonische Struktur haben und zugleich der Transformationsbedingung (3.59) genügen. Die Forderungen werden durch die im folgenden angegebene Struktur für die nxn Matrix $\underset{\sim}{\underline{A}}$ und die nxr Matrix $\underset{\sim}{\underline{B}}$ erfüllt, wie sich auf einfache Weise durch Durchführung der Transformation zeigen läßt.

$$\underset{\sim}{\underline{A}}(t) = \begin{bmatrix} \underline{R}_1 & \underline{0} & \underline{0} & \underline{0} \\ \underline{S}_{21} & \underline{R}_2 & \underline{0} & \underline{0} \\ \underline{S}_{31} & \underline{S}_{32} & \underline{R}_3 & \underline{0} \\ \vdots & & \ddots & \vdots \\ \underline{S}_{r,1} & \underline{S}_{r,2} & \underline{S}_{r,3} & \underline{R}_r \end{bmatrix} \tag{3.60}$$

Dabei ist $\underline{R}_i$ eine $n_{r-i+1} \times n_{r-i+1}$ Matrix und $\underline{S}_{i,j}$ eine $n_{r-i+1} \times n_{r-j+1}$ Matrix für $i = 1,2,\ldots,r$ und $j = 1,2,\ldots,r-1$:

$$\underline{R}_i(t) = \begin{bmatrix} 0 & 1 & 0 & & 0 \\ 0 & 0 & 1 & & 0 \\ \vdots & & & \ddots & \\ 0 & 0 & 0 & \cdots & 1 \\ \alpha_{i,1} & \alpha_{i,2} & \alpha_{i,3} & \cdots & \alpha_{i,n_{r-i+1}} \end{bmatrix} \tag{3.61}$$

$$\underline{S}_{i,j}(t) = \begin{bmatrix} 0 & 0 & 0 & & 0 \\ \vdots & & & & \vdots \\ 0 & 0 & 0 & & 0 \\ & & & \cdots & \\ \alpha^j_{i,1} & \alpha^j_{i,2} & \alpha^j_{i,3} & & \alpha^j_{i,n_{r-j+1}} \end{bmatrix} \tag{3.62}$$

$$\tilde{\underline{B}} = \left[\begin{array}{ccc} 0 & & 0 \\ \vdots & & \vdots \\ & & 1 \\ & 0 & 0 \\ & \vdots & \vdots \\ & 1 & \beta^1_2 \\ & & 0 \\ & & \vdots \\ 0\cdots & & \\ \vdots & & \\ 1 & \beta^1_r & \cdots & \beta^{r-1}_r \end{array}\right] \begin{array}{l} \left.\rule{0pt}{28pt}\right\} n_r \\[6pt] \left.\rule{0pt}{28pt}\right\} n_{r-1} \\[24pt] \left.\rule{0pt}{28pt}\right\} n_1 \end{array} \tag{3.63}$$

Es muß beachtet werden, daß bei dieser phasenvariablen kanonischen Form im Vergleich zur Steuerungsnormalform die Ordnung der Untersysteme sowie die zugehörigen Komponenten der Eingangsgröße vertauscht sind: Das erste Untersystem hat in der phasenvariablen kanonischen Form die Ordnung n_r und wird von der letzten Komponente der Eingangsgröße gesteuert; Entsprechendes gilt für die weiteren Untersysteme, so daß das letzte Untersystem die Ordnung n_1 hat und von der ersten Komponente der Eingangsgröße gesteuert wird.

Wenn die Reihenfolge der Untersysteme so gewählt werden kann, daß
$n_1 \leq n_2 \leq \ldots \leq n_r$ gilt, so ist $\beta_i^j = 0$ und $\alpha_{i,k}^j = 0$ für $k > n_{r-i+1}$; die Anzahl
der Parameter bleibt dabei in der Steuerungsnormalform und in der pha-
senvariablen Form gleich. Vereinfachungen bei einer anderen Ordnung der
Untersysteme sollen hier nicht angeführt werden, zumal sie sich bei der
Parameterbestimmung unmittelbar ergeben.

Damit ist das Problem, die phasenvariable Steuerungsnormalform zu finden,
im Prinzip gelöst: Ausgehend von einem allgemeinen zeitvariablen Originalsystem wird zunächst die Steuerbarkeitsmatrix mit vollständigen Ketten aufgestellt und damit die Ordnung der Untersysteme festgelegt. Die
Untersysteme können dabei eventuell in geeigneter Weise umgestellt werden, um keine Parameter in der Eingangsmatrix $\underline{B}$ der phasenvariablen Form
zu erhalten. Anschließend stellt man die phasenvariable Form nach (3.60)
und (3.63) auf und berechnet die Parameter $\alpha_{i,k}^j(t)$ und (falls erforderlich)
$\beta_i^j(t)$ mittels der Beziehung (3.59). Die gesuchten Parameter lassen sich
aus dieser Beziehung über $\nu = 1,2,\ldots,r$ in eindeutiger Weise bestimmen, wie
auch aus der Aufspaltung dieser Gleichung im folgenden Abschnitt deutlich
wird. Vor der Anwendung von (3.59) müssen die Parameter $a_{i,k}^j(t)$ der Steuerungsnormalform zunächst aus (3.23) ermittelt werden.

Nach (3.55) ist die Steuerbarkeitsmatrix $\underline{\widetilde{Q}}_c$ (Gl. (3.57)) der phasenvariablen kanonischen Form die Transformationsmatrix, die die Steuerungsnormal-
form (3.1) und die gesuchte phasenvariable kanonische Form (3.50) verbindet. Da (für die angegebene Struktur der phasenvariablen kanonischen Form)
in dieser Steuerbarkeitsmatrix die Nebendiagonale aus Einsen besteht und
die Elemente oberhalb der Nebendiagonale Null sind, ist die Transformation zwischen beiden Formen stets nichtsingulär. Für die Existenz der phasenvariablen Form gelten damit dieselben Bedingungen wie bei der Steuerungsnormalform. Das bedeutet, die gleichmäßige Steuerbarkeit ist notwendig
und die minimale Steuerbarkeit hinreichend für die Existenz dieser Form.

Die Aufspaltung der Transformation [14]

Bei der dargestellten phasenvariablen Form kann ein weiterer Schritt ge-
tan werden, der die Rechnung bei der Bestimmung der Parameter $\alpha_{i,k}^j(t)$ und
$\beta_i^j(t)$ vereinfacht. Diese Aufgabe soll im folgenden behandelt werden.

Als Ausgangspunkt dient die im vorhergehenden Teil abgeleitete Beziehung zur Berechnung der Parameter $\alpha^{j}_{i,k}(t)$:

$$L_{\tilde{A}}^{*n_\nu}\tilde{\underline{b}}_\nu = \sum_{i=1}^{\nu} [\tilde{\underline{b}}_i, L_{\tilde{A}}^{*}\tilde{\underline{b}}_i, \ldots, L_{\tilde{A}}^{*n_i-1}\tilde{\underline{b}}_i] [a^{\nu}_{i,1}, a^{\nu}_{i,2}, \ldots, a^{\nu}_{i,n_i}]' \qquad (3.59)$$

$$\nu = 1,2,\ldots,r \qquad\qquad a^{\nu}_{\nu,k} = a_{\nu,k}$$

Diese Gleichung kann in der folgenden Form geschrieben werden, was auch aus (3.58) unmittelbar zu erkennen ist:

$$(3.64)$$

$$\nu = 1,2,\ldots,r$$

Die Matrix in (3.64) ist dabei die Steuerbarkeitsmatrix $\tilde{Q}_c$. Bei der Struktur der hier dargestellten phasenvariablen kanonischen Form (Gln. (3.60), (3.63)) hat diese Matrix $\tilde{Q}_c$ Einsen in der Nebendiagonale und Nullen als Elemente oberhalb der Nebendiagonale.

$\underline{Q}_{\mu,k}$ ($\mu = 1,2,\ldots,r$; $k = 1,2,\ldots,r$) ist eine $n_\mu \times n_k$ Matrix, wobei $\underline{Q}_{\mu,\mu} = \underline{Q}_\mu$ sowie $\underline{Q}_{\mu,i} = \underline{0}$ für $\mu > i$ gilt. Den Ausdrücken $\underline{Q}_{\mu,k}$ für $k = 1,2,\ldots r$ entspricht auf der linken Gleichungsseite von (3.64) der Teil $(L_{\tilde{A}}^{n_\nu}\tilde{\underline{b}}_\nu)_\mu$, der einen n_μ-dimensionalen Spaltenvektor darstellt.

Die Parameter in der dynamischen Matrix $\underline{R}_{r-\nu+1}$ (Gl. (3.61)) des $(r-\nu+1)$-ten Untersystems lassen sich aus der folgenden Beziehung bestimmen, die sofort (3.64) zu entnehmen ist:

$$(L_{\tilde{A}}^{n_\nu}\tilde{\underline{b}}_\nu)_\nu = \underline{Q}_\nu \cdot [a_{\nu,1}, \ldots, a_{\nu,n_\nu}]' \qquad (3.65)$$

$$\nu = 1,2,\ldots,r$$

Da $\underline{Q}_\nu$ die Form

$$\underline{Q}_\nu = \begin{bmatrix} & & & & 1 \\ & 0 & & \cdot & \cdot \\ & & \cdot & \cdot & x \\ & & \cdot & \cdot & \cdot \\ & \cdot & \cdot & & \vdots \\ 1 & & x & \ldots & x \end{bmatrix}$$

hat, können die gesuchten Parameter $\alpha_{r-\nu+1,1}, \ldots, \alpha_{r-\nu+1,n_\nu}$, beginnend
mit $\alpha_{r-\nu+1,n_\nu} = a_{\nu,n_\nu}$, rekursiv berechnet werden. Die dabei verfügbaren
Bedingungen genügen für die eindeutige Bestimmung der Parameter; das wur-
de für zeitvariable Systeme mit einem Eingang und einem Ausgang in [15]
gezeigt und gilt entsprechend bei Mehrgrößensystemen für jedes Untersystem.

In den Kopplungstermen lassen sich die Parameter $\alpha_{i,k}^j(t)$ (und gegebenen-
falls $\beta_i^j(t)$) aus einer Gleichung ermitteln, die ebenfalls sofort aus (3.64)
folgt: ($\mu = 1,2,\ldots,r \quad \nu = 1,2,\ldots,r$)

$$(\underset{\underline{A}}{\overset{n}{L}}{}^{\nu}\underline{\tilde{b}}_\nu)_\mu - \underline{Q}_{\mu,\nu}[a_{\nu,1}, \ldots, a_{\nu,n_\nu}]' = \sum_{i=1}^{\nu-1} \underline{Q}_{\mu,i}[a_{i,1}^\nu, \ldots, a_{i,n_i}^\nu]' \qquad (3.66)$$

$$\text{mit } \underline{Q}_{\mu,i} = \underline{0} \text{ für } \mu > i \text{ und } \underline{Q}_{\mu,\mu} = \underline{Q}_\mu$$

Die Matrix $\underline{Q}_{\mu,\nu}$ und der Ausdruck $(\underset{\underline{A}}{\overset{n}{L}}{}^{\nu}\underline{\tilde{b}}_\nu)$ auf der linken Seite von (3.66)
beinhalten die zu berechnenden Parameter des Kopplungsterms $\underline{S}_{r-\mu+1,r-\nu+1}$
(Gl. (3.62)) für $\mu = 1,2,\ldots,r$ und $\nu = 1,2,\ldots,r$. Während es in (3.65)
gleichgültig ist, mit welchem Untersystem man beginnt, muß in einer Gleichung (3.66) die Rechnung sukzessiv erfolgen, wobei die Reihenfolge
$\mu = r, r-1, \ldots, 1$ und dabei jeweils $\nu = 1,2,\ldots,r$ einzuhalten ist. Die
gesuchten Parameter sind durch Gleichung (3.66) eindeutig bestimmt, wie
auf einfache Weise gezeigt werden kann.

Damit ist dargestellt worden, daß die Bestimmung der Parameter der phasenvariablen kanonischen Form (3.60) und (3.63) auf eine verhältnismäßig einfache Weise durchgeführt werden kann. Die direkte Bestimmung der Parameter
erfolgt dabei über die Gleichung (3.66), die auch (3.65) einschließt. Die
Beziehung (3.66) hat den Vorteil, daß nur Matrizen von der Ordnung der Un-

tersysteme auftreten und zudem die Struktur der Matrizen $\underline{Q}_{\mu,k}$ für eine rekursive Berechnung der Parameter günstig ist.

Beispiele

Als Beispiel für die phasenvariable kanonische Form wird ein zeitvariables System der Ordnung n=5 mit zwei Eingängen (r=2) betrachtet, das gleichmäßig und minimal steuerbar sei:

$$\underline{\dot{x}} = \underline{A}(t)\underline{x} + \underline{B}(t)\underline{u}$$

Wenn unter Berücksichtigung vollständiger Ketten für die Steuerbarkeitsmatrix gilt

$$\underline{Q}_c = [\underline{b}_1, \ L_A\underline{b}_1 \vdots \underline{b}_2, \ L_A\underline{b}_2, \ L_A^2\underline{b}_2] \quad ,$$

und die Ordnung der Untersysteme damit $n_1 = 2$ und $n_2 = 3$ ist, so hat nach Abschnitt 3.1 die Steuerbarkeitsnormalform den Aufbau:

$$\underline{\dot{z}} = \begin{bmatrix} 0 & a_{11} & 0 & 0 & a_{11}^2 \\ 1 & a_{12} & 0 & 0 & a_{12}^2 \\ 0 & 0 & 0 & 0 & a_{21} \\ 0 & 0 & 1 & 0 & a_{22} \\ 0 & 0 & 0 & 1 & a_{23} \end{bmatrix} \underline{z} + \begin{bmatrix} 1 & 0 \\ 0 & 0 \\ 0 & 1 \\ 0 & 0 \\ 0 & 0 \end{bmatrix} \underline{u} \tag{3.67}$$

Die Steuerungsnormalform (3.67) wurde dabei nur der Deutlichkeit halber aufgestellt, denn es genügt die Kenntnis der Parameter $a_{i,k}^j(t)$, die nach (3.23) zu errechnen sind.

Nach (3.60) und (3.63) hat die gesuchte phasenvariable kanonische Form entsprechend zu (3.67) den Aufbau

$$
\dot{\underline{\tilde{z}}} = \left[\begin{array}{ccc|cc}
0 & 1 & 0 & 0 & 0 \\
0 & 0 & 1 & 0 & 0 \\
\alpha_{11} & \alpha_{12} & \alpha_{13} & 0 & 0 \\
\hline
0 & 0 & 0 & 0 & 1 \\
\alpha_{21}^{1} & \alpha_{22}^{1} & 0 & \alpha_{21} & \alpha_{22}
\end{array}\right] \underline{\tilde{z}} + \left[\begin{array}{c|c}
0 & 0 \\
0 & 0 \\
0 & 1 \\
\hline
0 & 0 \\
1 & 0
\end{array}\right] \underline{u} \tag{3.68}
$$

Dabei wurde berücksichtigt, daß für $n_1 < n_2 \quad \alpha_{23}^{1} = 0$ und $\beta_2^{1} = 0$ ist. Die Berechnung der Parameter $\alpha_{i,k}^{j}(t)$ erfolgt nach (3.65) und (3.66):

$\underline{\alpha_{11}, \; \alpha_{12}, \; \alpha_{13}}:$

$$
(L_{\underline{A}}^{3}\underline{\tilde{b}}_2)_2 = \underline{Q}_2 \cdot \begin{bmatrix} a_{21} \\ a_{22} \\ a_{23} \end{bmatrix} \tag{3.69}
$$

$\underline{\alpha_{21}, \; \alpha_{22}}:$

$$
(L_{\underline{A}}^{2}\underline{\tilde{b}}_1)_1 = \underline{Q}_1 \begin{bmatrix} a_{11} \\ a_{12} \end{bmatrix} \tag{3.70}
$$

$\underline{\alpha_{21}^{1}, \; \alpha_{22}^{1}}:$

$$
(L_{\underline{A}}^{3}\underline{\tilde{b}}_2)_1 - \underline{Q}_{12} \begin{bmatrix} a_{21} \\ a_{22} \\ a_{23} \end{bmatrix} = \underline{Q}_1 \begin{bmatrix} a_{11}^{2} \\ a_{12}^{2} \end{bmatrix} \tag{3.71}
$$

Für die Steuerbarkeitsmatrix $\underline{\tilde{Q}}_c$ von System (3.68) erhält man

$$
\underline{\tilde{Q}}_c = \left[\begin{array}{c|c}
0 & \underline{Q}_2 \\
\hline
\underline{Q}_1 & \underline{Q}_{12}
\end{array}\right]
$$

oder

$$
\tilde{\underline{Q}}_c = \begin{bmatrix}
0 & 0 & \vdots & 0 & 0 & 1 \\
0 & 0 & \vdots & 0 & 1 & \alpha_{13} \\
0 & 0 & \vdots & 1 & \alpha_{13} & \alpha_{12}+(\alpha_{13})^2-\dot{\alpha}_{13} \\
\cdots & \cdots & \vdots & \cdots & \cdots & \cdots \\
0 & 1 & \vdots & 0 & 0 & 0 \\
1 & \alpha_{22} & \vdots & 0 & 0 & \alpha_{22}^1
\end{bmatrix}
\tag{3.72}
$$

Weiterhin gilt

$$
(L_{\tilde{\underline{A}}}^3 \tilde{\underline{b}}_2)_2 = \begin{bmatrix}
\alpha_{13} \\
\hline
\alpha_{12}+(\alpha_{13})^2-2\dot{\alpha}_{13} \\
\hline
\alpha_{11}+2\alpha_{12}\alpha_{13}+(\alpha_{13})^3 \\
-\dot{\alpha}_{12}-3\alpha_{13}\dot{\alpha}_{13}+\ddot{\alpha}_{13}
\end{bmatrix}
$$

$$
(L_{\tilde{\underline{A}}}^2 \tilde{\underline{b}}_1)_1 = \begin{bmatrix}
\alpha_{22} \\
\alpha_{21}+(\alpha_{22})^2-\dot{\alpha}_{22}
\end{bmatrix}
$$

$$
(L_{\tilde{\underline{A}}}^3 \tilde{\underline{b}}_2)_1 = \begin{bmatrix}
\alpha_{22}^1 \\
\alpha_{21}^1+(\alpha_{13}+\alpha_{22})\alpha_{22}^1-\dot{\alpha}_{22}^1
\end{bmatrix}
$$

Mit diesen Berechnungen und $\underline{Q}_1$, $\underline{Q}_2$ und $\underline{Q}_{12}$ aus (3.72) folgen die gesuchten Parameter der phasenvariablen Form aus (3.69)

$$
\alpha_{11} = a_{21} + \dot{a}_{22} + \ddot{a}_{23}
$$
$$
\alpha_{12} = a_{22} + 2\dot{a}_{23}
$$
$$
\alpha_{13} = a_{23}
$$

und aus (3.70)

$$\alpha_{21} = a_{11} + \dot{a}_{12}$$

$$\alpha_{22} = a_{12}$$

sowie aus (3.71)

$$\alpha_{21}^{1} = a_{11}^{2} + \dot{a}_{12}^{2}$$

$$\alpha_{22}^{1} = a_{12}^{2}$$

Wenn das System zeitinvariant ist, so sind die Parameter des 1. und 2. Untersystems in (3.67) gleich den Parametern des 2. und 1. Untersystems in (3.68) und auch die Kopplungsterme sind identisch, obwohl es sich natürlich um keine dualen kanonischen Formen bei (3.67) und (3.68) handelt.

3.4   Die Beobachtungsnormalform II. Art

Die duale kanonische Form zu der phasenvariablen kanonischen Form oder Steuerungsnormalform II. Art, die in Abschnitt 3.3 behandelt wurde, ist die Beobachtungsnormalform II. Art. Diese Form soll der Vollständigkeit wegen im folgenden kurz beschrieben werden; sie ergibt sich durch eine duale Betrachtung zu [13,14] bzw. zu Abschnitt 3.1 und 3.3.

Die Beobachtungsnormalform II. Art für zeitvariable Mehrgrößensysteme wird wie folgt bezeichnet:

$$\dot{\tilde{\underline{z}}}(t) = \tilde{\tilde{\underline{A}}}(t)\tilde{\tilde{\underline{z}}}(t) + \tilde{\tilde{\underline{B}}}(t)\underline{u}(t) \tag{3.73a}$$

$$\underline{y}(t) = \tilde{\tilde{\underline{C}}}(t)\tilde{\tilde{\underline{z}}}(t) \tag{3.73b}$$

$\tilde{\tilde{\underline{z}}}$ stellt den n-dimensionalen Zustandsvektor, $\underline{u}$ den r-dimensionalen Eingangsvektor und $\underline{y}$ den s-dimensionalen Ausgangsvektor dar; die Matrizen $\tilde{\tilde{\underline{A}}}(t)$, $\tilde{\tilde{\underline{B}}}(t)$ und $\tilde{\tilde{\underline{C}}}(t)$ haben eine damit verträgliche Ordnung. Das zugrunde liegende System wird als gleichmäßig und minimal beobachtbar vorausgesetzt.

Der erste Schritt zur Bestimmung der Beobachtungsnormalform II. Art ist
die Beobachtungsnormalform I. Art, die in Abschnitt 3.2 beschrieben ist.
Wenn man auf der Grundlage vollständiger Ketten in der Beobachtbarkeitsmatrix für die Ordnung der Untersysteme n_1, n_2,..., n_s erhält, so haben
in der Beobachtungsnormalform I. Art die Matrizen $\bar{\underline{A}}$ und $\bar{\bar{\underline{C}}}$ den in (3.36) bis
(3.38) sowie (3.39) angegebenen Aufbau. Dazu entsprechend ergibt sich die
im folgenden dargestellte Struktur der Beobachtungsnormalform II. Art.

Für die nxn Matrix $\tilde{\tilde{\underline{A}}}(t)$ gilt

$$\tilde{\tilde{\underline{A}}}(t) = \begin{bmatrix} \tilde{\underline{R}}_1 & \tilde{\underline{S}}_{12} & \tilde{\underline{S}}_{13} & \cdots & \tilde{\underline{S}}_{1,s} \\ \underline{0} & \tilde{\underline{R}}_2 & \tilde{\underline{S}}_{23} & \cdots & \tilde{\underline{S}}_{2,s} \\ \underline{0} & \underline{0} & \tilde{\underline{R}}_3 & \cdots & \tilde{\underline{S}}_{3,s} \\ & & & \ddots & \\ \underline{0} & \cdots & & \underline{0} & \tilde{\underline{R}}_s \end{bmatrix} \tag{3.74}$$

wobei $\tilde{\underline{R}}_i$ eine $n_{s-i+1} \times n_{s-i+1}$ Matrix und $\tilde{\underline{S}}_{i,j}$ eine $n_{s-i+1} \times n_{s-j+1}$ Matrix
für $i = 1,2,...,s$ und $j = 2,3,...,s$ ist:

$$\tilde{\underline{R}}_i(t) = \begin{bmatrix} 0 & 0 & \cdots & 0 & \tilde{\alpha}_{i,1} \\ 1 & 0 & \cdots & 0 & \tilde{\alpha}_{i,2} \\ 0 & 1 & \cdots & 0 & \tilde{\alpha}_{i,3} \\ & & \ddots & & \vdots \\ 0 & & \cdots & 1 & \tilde{\alpha}_{i,n_{s-i+1}} \end{bmatrix} \tag{3.75}$$

$$\tilde{\underline{S}}_{i,j}(t) = \begin{bmatrix} 0 & \cdots & 0 & \tilde{\alpha}^j_{i,1} \\ 0 & \cdots & 0 & \tilde{\alpha}^j_{i,2} \\ 0 & \cdots & 0 & \tilde{\alpha}^j_{i,3} \\ & & & \vdots \\ 0 & \cdots & 0 & \tilde{\alpha}^j_{i,n_{s-j+1}} \end{bmatrix} \tag{3.76}$$

Die sxn Matrix $\underset{\approx}{\underline{C}}$ hat den Aufbau

$$\underset{\approx}{\underline{C}} = \begin{bmatrix} 0 \ldots & & & & 0 \ldots 0 & 1 \\ & & & & & \ldots \gamma_2^1 \\ & & & & & \vdots \\ & & 0 \ldots 1 & & & \vdots \\ 0 \ldots & 1 & 0 \ldots \gamma_s^1 \ldots & & 0 \ldots\ldots & \gamma_s^{s-1} \end{bmatrix} \qquad (3.77)$$

Die Beobachtbarkeitsmatrix $\underset{\approx}{\widetilde{Q}}_o(t)$ der Beobachtungsnormalform II. Art mit
der obigen Struktur hat entsprechend zu (3.35) die Form:

$$\underset{\approx}{\widetilde{Q}}_o(t) = \begin{bmatrix} \underset{\approx}{\underline{\widetilde{c}}}_1 \\ L_{\underset{\approx}{A}} \underset{\approx}{\underline{\widetilde{c}}}_1 \\ \vdots \\ L_{\underset{\approx}{A}}^{n_1-1} \underset{\approx}{\underline{\widetilde{c}}}_1 \\ \hline \underset{\approx}{\underline{\widetilde{c}}}_2 \\ \vdots \\ L_{\underset{\approx}{A}}^{n_2-1} \underset{\approx}{\underline{\widetilde{c}}}_2 \\ \hline \vdots \\ L_{\underset{\approx}{A}}^{n_s-1} \underset{\approx}{\underline{\widetilde{c}}}_s \end{bmatrix} \qquad (3.78)$$

Die Inverse dieser Beobachtbarkeitsmatrix dient (analog zu 3.42) als
Transformationsmatrix zwischen der Beobachtungsnormalform I. Art und der
gesuchten Beobachtungsnormalform II. Art, d.h. $\underset{\approx}{\widetilde{T}} = \underset{\approx}{\widetilde{Q}}_o^{-1}$. Die Matrix $\underset{\approx}{\widetilde{Q}}_o$ ist
dabei entsprechend wie $\underset{\approx}{\widetilde{Q}}_c$ (Gln. (3.57) und (3.64)) strukturiert, so daß die
Transformation in derselben Weise wie in Abschnitt 3.3 aufgespalten werden
kann. Dadurch können die Parameter $\widetilde{\alpha}_{i,k}^j(t)$ über Matrizen in der Ordnung der
Untersysteme unmittelbar berechnet werden. Die Form von $\underset{\approx}{\widetilde{A}}$ und $\underset{\approx}{\widetilde{C}}$ vereinfacht
sich z.B., wenn die Untersysteme so angeordnet werden können, daß
$n_1 \leq n_2 \leq \ldots \leq n_s$ gilt. Daraus folgt $\gamma_i^j = 0$ und $\widetilde{\alpha}_{i,k}^j = 0$ für $k > n_j$. Die
Vereinfachungsmöglichkeiten werden nicht im einzelnen behandelt, da sie
sich unmittelbar bei der Berechnung der Koeffizienten ergeben.

Zur Demonstration soll die Beobachtungsnormalform II. Art zu der Beobachtungsnormalform I. Art angegeben werden, die in dem allgemeinen Beispiel
in Abschnitt 3.2 aufgestellt wurde. Für dieses System der Ordnung $n = 6$
mit $s = 3$ Ausgangsgrößen und der Ordnung der Untersysteme $n_1 = 1$, $n_2 = 2$
und $n_3 = 3$ lautet korrespondierend zu System (3.45) die Beobachtungsnormalform II. Art nach (3.74) und (3.77) bei $n_1 < n_2 < n_3$:

$$
\dot{\tilde{\tilde{z}}} =
\left[\begin{array}{ccc|cc|c}
0 & 0 & \tilde{\alpha}_{11} & 0 & \tilde{\alpha}^2_{11} & \tilde{\alpha}^3_{11} \\
1 & 0 & \tilde{\alpha}_{12} & 0 & \tilde{\alpha}^2_{12} & 0 \\
0 & 1 & \tilde{\alpha}_{13} & 0 & 0 & 0 \\
\hline
0 & 0 & 0 & 0 & \tilde{\alpha}_{21} & \tilde{\alpha}^3_{21} \\
0 & 0 & 0 & 1 & \tilde{\alpha}_{22} & 0 \\
\hline
0 & 0 & 0 & 0 & 0 & \tilde{\alpha}_{31}
\end{array}\right]
\tilde{\tilde{z}} + \tilde{\tilde{Q}}_0^{-1}
\left[\begin{array}{c}
\underline{c}_1\,\underline{B} \\
\underline{c}_2\,\underline{B} \\
(L_A\underline{c}_2)\underline{B} \\
\underline{c}_3\,\underline{B} \\
(L_A\underline{c}_3)\underline{B} \\
(L_A^2\underline{c}_3)\underline{B}
\end{array}\right]
\underline{u}
\tag{3.79a}
$$

$$
\underline{y} =
\left[\begin{array}{ccc|cc|c}
0 & 0 & 0 & 0 & 0 & 1 \\
0 & 0 & 0 & 0 & 1 & 0 \\
0 & 0 & 1 & 0 & 0 & 0
\end{array}\right]
\tilde{\tilde{z}}
\tag{3.79b}
$$

4. Die Entkopplung

Im folgenden soll die Entkopplung von zeitvariablen Mehrgrößensystemen, die die gleiche Anzahl von Eingangs- und Ausgangsgrößen haben, durch eine Zustandsvektorrückkopplung durchgeführt werden. Ein Mehrgrößensystem wird dabei als entkoppelt bezeichnet, wenn die i-te Ausgangsgröße einschließlich ihrer Ableitungen nur von der i-ten Eingangsgröße mit ihren Ableitungen abhängt. Diese Forderung muß für alle Ausgangs- und Eingangsgrößen des Systems erfüllt sein.

Unter Berücksichtigung der Arbeiten [16,17] für zeitinvariante Systeme wurde die Entkopplung von zeitvariablen Mehrgrößensystemen in [18] angegeben; Teilergebnisse ohne die entscheidenden Beweisführungen sind in [19] enthalten.

4.1 Grundlegende Beziehungen

System mit Zustandsvektorrückkopplung

Es wird das lineare zeitvariable Mehrgrößensystem der folgenden Form betrachtet:

$$\underline{\dot{x}}(t) = \underline{A}(t)\,\underline{x}(t) + \underline{B}(t)\,\underline{u}(t) \tag{4.1a}$$

$$\underline{y}(t) = \underline{C}(t)\,\underline{x}(t)$$

$\underline{x}$ ist der n-dimensionale Zustandsvektor, der Eingangsvektor $\underline{u}$ und der Ausgangsvektor $\underline{y}$ sind beide von der Dimension m, die Matrizen $\underline{A}(t)$, $\underline{B}(t)$ und $\underline{C}(t)$ haben entsprechend die Ordnung nxn, nxm bzw. mxn. $m \leq n$ wird vorausgesetzt.

Das System (4.1) soll durch die folgende lineare zeitvariable Zustandsvektorrückkopplung beeinflußt werden, die aus der eigentlichen Rückführung und einem Vorwärtszweig (Steuerungszweig) besteht:

$$\underline{u}(t) = \underline{F}(t)\,\underline{x}(t) + \underline{G}(t)\,\underline{v}(t) \tag{4.2}$$

Dabei bedeuten $\underline{F}(t)$ eine nxn Matrix, $\underline{G}(t)$ eine als nichtsingulär angenommene mxm Matrix und $\underline{v}$ die neue m-dimensionale Eingangsgröße.

Das System (4.1) hat in Verbindung mit der Zustandsvektorrückkopplung
die Systembeschreibung (Bild 3):

$$\underline{\dot{x}} = [\underline{A}(t) + \underline{B}(t)\underline{F}(t)]\underline{x} + \underline{B}(t)\underline{G}(t)\underline{v} \tag{4.3a}$$

$$\underline{y} = \underline{C}(t)\underline{x} \tag{4.3b}$$

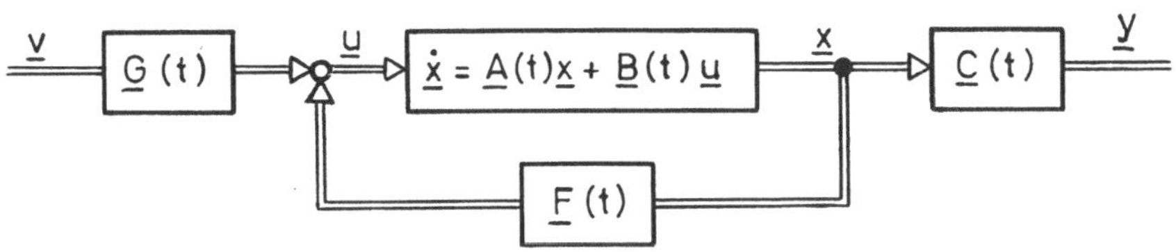

Bild 3 System mit Zustandsvektorrückkopplung

<u>Hilfsbeziehungen</u>

Für die Behandlung von zeitvariablen Mehrgrößensystemen ist die sogenannte
Differenzordnung von Bedeutung, die wie folgt definiert ist:

Definition für ρ_i: Wenn für alle t innerhalb $[t_o, \infty)$ gilt

$$(L_A^{\gamma_i}\underline{c}_i)\underline{B} = \underline{0} \qquad \text{für } 0 \leq \gamma_i < \rho_i - 1 \tag{4.4a}$$

und

$$(L_A^{\rho_i-1}\underline{c}_i)\underline{B} \neq \underline{0} \tag{4.4b}$$

so ist die ganze positive Zahl ρ_i die Differenzordnung bezüglich der i-ten
Ausgangsgröße y_i (i = 1,2,...,m). ($\underline{c}_i$ ist die i-te Zeile von $\underline{C}(t)$)

Bei zeitvariablen Systemen mit einem Eingang und einem Ausgang bedeutet
die Differenzordnung die Differenz zwischen der Ordnung der homogenen
skalaren Differentialgleichung und der Ordnung des Differentialausdrucks
auf der Eingangsseite der Differentialgleichung [20]; bei einem entkoppelten

Mehrgrößensystem erfüllt die Differenzordnung ρ_i eine analoge Funktion.

Aufgrund der Definitionsgleichung 4.4 gelten die folgenden Hilfsbeziehungen für $i = 1,2,\ldots,m$:

$$L^k_{A+BF}\underline{c}_i = L^k_A\underline{c}_i \qquad\qquad \text{für } k = 0,1,\ldots,\rho_i-1 \qquad\qquad (4.5a)$$

und

$$L^k_{A+BF}\underline{c}_i = L^k_A\underline{c}_i + \sum_{j=\rho_i-1}^{k-1} L^{k-1-j}_{A+BF}[(L^j_A\underline{c}_i)\underline{B}\ \underline{F}] \quad \text{für } k = \rho_i,\rho_i+1,\ldots,n \quad (4.5b)$$

Der Operator $L^k_A\underline{c}_i$ ist dabei auf das System (4.1) und der Operator $L^k_{A+BF}\underline{c}_i$ auf das System (4.3) bezogen (Definitionsgleichung (2.14)).

Die Richtigkeit dieser Hilfsbeziehungen kann auf die folgende Weise gezeigt werden:

Es gilt nach (2.14)

$$L_{A+BF}\underline{c}_i = \underline{\dot c}_i + \underline{c}_i(\underline{A} + \underline{B}\ \underline{F})$$

$$= \underline{\dot c}_i + \underline{c}_i\ \underline{A} + \underline{c}_i\ \underline{B}\ \underline{F}$$

$$= L_A\underline{c}_i + \underline{c}_i\ \underline{B}\ \underline{F}$$

Daraus folgt mit (4.4), sofern $0 < \rho_i - 1$ ist

$$L_{A+BF}\underline{c}_i = L_A\underline{c}_i \qquad\qquad (4.6)$$

Weiterhin ist

$$L^2_{A+BF}\underline{c}_i = (L_{A+BF}\underline{c}_i)^{\bullet} + (L_{A+BF}\underline{c}_i)(\underline{A} + \underline{B}\ \underline{F})\ ,$$

woraus sich mit (4.6) für $0 < \rho_i - 1$ ergibt

$$L^2_{A+BF}\underline{c}_i = L^2_A\underline{c}_i + (L_A\underline{c}_i)\underline{B}\ \underline{F}$$

Ist darüber hinaus $1 < \rho_i - 1$, so verschwindet der zweite Summand nach der Definitionsgleichung (4.4a) und man erhält

$$L^2_{A+BF}\underline{c}_i = L^2_A\underline{c}_i \qquad\qquad (4.7)$$

Wenn man in der gleichen Weise fortfährt, so errechnet sich für $k \leq \rho_i - 1$ aufgrund von (4.4a)

$$L_{A+BF}^k \underline{c}_i = L_A^k \underline{c}_i \quad ,$$

womit die erste Hilfsbeziehung (4.5a) bewiesen ist.

Für $k = \rho_i - 1$ gilt nach (4.5a)

$$L_{A+BF}^{\rho_i-1} \underline{c}_i = L_A^{\rho_i-1} \underline{c}_i \quad , \tag{4.8}$$

und für $k = \rho_i$ erhält man damit

$$L_{A+BF}^{\rho_i} \underline{c}_i = L_A^{\rho_i} \underline{c}_i + (L_A^{\rho_i-1} \underline{c}_i)\underline{B}\,\underline{F} \quad , \tag{4.9}$$

wobei der zweite Summand nicht verschwindet.

Setzt man (4.9) in die Operatorgleichung für $L_{A+BF}^{\rho_i+1} \underline{c}_i$ ein, so errechnet sich für $k = \rho_i + 1$

$$L_{A+BF}^{\rho_i+1} \underline{c}_i = L_A^{\rho_i+1} \underline{c}_i + (L_A^{\rho_i} \underline{c}_i)\underline{B}\,\underline{F} + L_{A+BF}\{(L_A^{\rho_i-1} \underline{c}_i)\underline{B}\,\underline{F}\} \tag{4.10}$$

Wenn man in dieser Weise weiterrechnet und die Ausdrücke unter einem Summenzeichen zusammenfaßt, so ergibt sich die allgemeine Gesetzmäßigkeit für $k = \rho_i, \rho_i+1, \ldots, n$, die in der zweiten Hilfsbeziehung (4.5b) angegeben ist.

4.2 Die korrespondierenden skalaren Differentialgleichungen

Für ein zeitvariables System mit einem Eingang und einem Ausgang wurde die Umwandlung eines allgemeinen Systems im Zustandsraum in die zugehörige skalare Differentialgleichung in [21] durchgeführt. In entsprechender Weise soll im folgenden bei einem zeitvariablen Mehrgrößensystem für jede Komponente des Ausgangsvektors die zugehörige skalare Differentialgleichung abgeleitet werden. Diese skalaren Differentialgleichungen dienen als erster Schritt für die Ableitung der Systementkopplung.

Für die i-te Komponente y_i des Ausgangsvektors $\underline{y}$ (oder mit einem anderen, gleichbedeutenden Ausdruck: für die i-te Ausgangsgröße) gilt bei dem System mit Zustandsvektorrückkopplung (4.3) für $i = 1,2,\ldots,m$:

$$y_i = \underline{c}_i \, \underline{x} = (L^o_{A+BF\underline{c}_i})\underline{x}$$

Die erste Ableitung von y_i lautet

$$\dot{y}_i = \dot{\underline{c}}_i \, \underline{x} + \underline{c}_i \, \dot{\underline{x}} \quad,$$

woraus sich durch Einsetzen der Zustandsgleichung (4.3a)

$$\dot{y}_i = \dot{\underline{c}}_i \, \underline{x} + \underline{c}_i(\underline{A} + \underline{B}\,\underline{F})\underline{x} + \underline{c}_i \, \underline{B}\,\underline{G}\,\underline{v}$$

ergibt. Durch die Definitionsgleichung (4.4) für $0 < \rho_i - 1$ und die Operatorgleichung (2.14) erhält man damit

$$\dot{y}_i = (L_{A+BF\underline{c}_i})\underline{x}$$

Durch erneute Differentiation und Einsetzen von (4.3a) errechnet sich für die zweite Ableitung

$$\ddot{y}_i = (L^2_{A+BF\underline{c}_i})\underline{x} + (L_{A+BF\underline{c}_i})\underline{B}\,\underline{G}\,\underline{v}$$

oder unter Berücksichtigung von $1 < \rho_i - 1$

$$\ddot{y}_i = (L^2_{A+BF\underline{c}_i})\underline{x}$$

Auf diese Weise erhält man allgemein für die k-te Ableitung von y_i

$$y_i^{(k)} = (L^k_{A+BF\underline{c}_i})\underline{x} \qquad \text{für } k = 0, 1,\ldots,\rho_i - 1 \qquad (4.11)$$

Wenn jedoch $k > \rho_i - 1$ ist, so verschwinden nicht mehr alle Terme vor dem Eingangsvektor $\underline{v}$ bzw. vor den Ableitungen des Eingangsvektors. Für $k = \rho_i$ ergibt sich dann

$$y_i^{(\rho_i)} = (L^{\rho_i}_{A+BF\underline{c}_i})\underline{x} + (L^{\rho_i-1}_{A+BF\underline{c}_i})\,\underline{B}\,\underline{G}\,\underline{v}$$

und für $k = \rho_i + 1$

$$y_i^{(\rho_i+1)} = (L_{A+BF\underline{c}_i}^{\rho_i+1})\underline{x} + \{(L_{A+BF\underline{c}_i}^{\rho_i})\underline{B}\ \underline{G} + ((L_{A+BF\underline{c}_i}^{\rho_i-1})\underline{B}\ \underline{G})^{\bullet}\}\underline{v}$$

$$+ ((L_{A+BF\underline{c}_i}^{\rho_i-1})\underline{B}\ \underline{G}\ \underline{\dot{v}}$$

Allgemein gilt, wenn man in der demonstrierten Weise fortfährt, für

$$k = \rho_i,\ \rho_i+1,\ \ldots,\ n$$

$$y_i^{(k)} = (L_{A+BF\underline{c}_i}^{k})\underline{x} + \sum_{p=\rho_i}^{k} \binom{k-p}{0}\{(L_{A+BF\underline{c}_i}^{p-1})\underline{B}\ G\}^{(k-p)}\underline{v} + \ldots$$

$$+ \sum_{p=\rho_i}^{k-j} \binom{k-p}{j}\{(L_{A+BF\underline{c}_i}^{p-1})\underline{B}\ \underline{G}\}^{(k-p-j)}\underline{v}^{(j)} + \ldots \qquad (4.12)$$

$$+ \binom{k-\rho_i}{k-\rho_i}(L_{A+BF\underline{c}_i}^{\rho_i-1})\underline{B}\ \underline{G}\ \underline{v}^{(k-\rho_i)}$$

(Nach Definition soll eine Reihe Null sein, wenn die untere Summierungs-
grenze größer als die obere ist.)

Der Beweis für die Richtigkeit der Gleichung (4.12) kann mit Hilfe der vollständigen Induktion geführt werden. Zu diesem Zweck differenziert man (4.12)
und setzt die Zustandsgleichung (4.3a) und (2.14) ein. Nachdem die bei der
Produktdifferentiation entstehenden Ausdrücke mit der Formel

$$\binom{q}{r+1} + \binom{q}{r} = \binom{q+1}{r+1}$$

für gleiche Ableitungen von $\underline{v}$ zusammengefaßt worden sind, erkennt man, daß
die Gleichung für $y^{(k+1)}$ nach derselben Gesetzmäßigkeit wie die für $y^{(k)}$
aufgebaut ist.

Die gesuchte skalare Differentialgleichung für y_i erhält man aus dem Gleichungssystem (4.11) und (4.12), wenn man die Koeffizienten $\alpha_{i,k}(t)$ der charakteristischen zeitvariablen Gleichung einführt [22,21]. Diese Koeffizien-

ten sind durch die Beziehung bestimmt:

$$L_{A+BF\underline{c}_i}^{n} = -\sum_{\nu=0}^{n-1} \alpha_{i,\nu+1} \, L_{A+BF\underline{c}_i}^{\nu} \tag{4.13}$$

Setzt man (4.13) in (4.12) für k = n ein, so ergibt sich

$$y_i^{(n)} = -(\sum_{\nu=0}^{n-1} \alpha_{i,\nu+1} \, L_{A+BF\underline{c}_i}^{\nu})\underline{x} + \sum_{p=\rho_i}^{n} \binom{n-p}{0}\{(L_{A+BF\underline{c}_i}^{p-1})\underline{B}\,\underline{G}\}^{(n-p)}\underline{v} + \ldots \tag{4.14}$$

$$+ \binom{n-\rho_i}{n-\rho_i}(L_{A+BF\underline{c}_i}^{\rho_i})\underline{B}\,\underline{G}\,\underline{v}^{(n-\rho_i)}$$

Um aus dieser Beziehung die Zustandsvariable $\underline{x}$ zu eliminieren, wird in dem Gleichungssystem (4.11) und (4.12) jede Gleichung für $y_i^{(k)}$ (k = 0,1,...,n-1) mit $\alpha_{i,k+1}(t)$ multipliziert und nach dem Ausdruck für $\underline{x}$ aufgelöst:

Für k = 0,1,...,ρ_i-1 gilt

$$-\alpha_{i,k+1}(L_{A+BF\underline{c}_i}^{k})\underline{x} = -\alpha_{i,k+1} \, y_i^{(k)} \tag{4.15}$$

und für k = ρ_i, ρ_i+1, ..., n-1

$$-\alpha_{i,k+1}(L_{A+BF\underline{c}_i}^{k})\underline{x} = -\alpha_{i,k+1} \, y_i^{(k)} + \alpha_{i,k+1} \sum_{p=\rho_i}^{k} \binom{k-p}{0}\{(L_{A+BF\underline{c}_i}^{p-1})\underline{B}\,\underline{G}\}^{(k-p)}\underline{v} + \ldots \tag{4.16}$$

$$+ \alpha_{i,k+1}\binom{k-\rho_i}{k-\rho_i}(L_{A+BF\underline{c}_i}^{\rho_i-1})\underline{B}\,\underline{G}$$

Durch Einsetzen von (4.15) und (4.16) in (4.14) erhält man die gesuchte skalare Differentialgleichung für y_i (i = 1,2,...,m):

$$y_i^{(n)} + \alpha_{i,n} \, y_i^{(n-1)} + \ldots + \alpha_{i,1} \, y_i = M_i(\underline{v}) \quad , \tag{4.17}$$

Dabei ist $M_i(\underline{v})$ ein Operator der Form (spur (.) bezeichnet die Spur der Matrix)

$$M_i(\underline{v}) = \text{spur} \, (\underline{P}_i\{\underline{F}, \underline{G}\} \cdot \underline{V}) \tag{4.18}$$

mit der mxn Matrix $\underline{V}$

$$\underline{V} = [\underline{v}, \underline{\dot{v}}, \ldots, \underline{v}^{(n-\rho_i)}, \ldots, \underline{v}^{(n-1)}] \tag{4.19}$$

und der nxm Matrix $\underline{P}_i\{\underline{F}, \underline{G}\}$

$$
\underline{P}_i = \begin{bmatrix}
\sum_{p=\rho_i}^{n} \binom{n-p}{0}((L_{A+BF\underline{c}_i}^{p-1})\underline{B}\ \underline{G})^{(n-p)} + \alpha_{i,n} \sum_{p=\rho_i}^{n-1} \binom{n-p-1}{0}((L_{A+BF\underline{c}_i}^{p-1})\underline{B}\ \underline{G})^{(n-p-1)} + \ldots \\[2ex]
 \vdots + \alpha_{i,\rho_i+1}(L_{A+BF\underline{c}_i}^{\rho_i-1})\underline{B}\ \underline{G} \\[3ex]
\sum_{p=\rho_i}^{n-j} \binom{n-p}{j}((L_{A+BF\underline{c}_i}^{p-1})\underline{B}\ \underline{G})^{(n-p-j)} + \alpha_{i,n} \sum_{p=\rho_i}^{n-j-1} \binom{n-p-1}{j}((L_{A+BF\underline{c}_i}^{p-1})\underline{B}\ \underline{G})^{(n-p-j-1)} + \ldots \\[2ex]
 \vdots + \alpha_{i,\rho_i+j+1}(L_{A+BF\underline{c}_i}^{\rho_i-1})\underline{B}\ \underline{G} \\[3ex]
\binom{n-\rho_i}{n-\rho_i}(L_{A+BF\underline{c}_i}^{\rho_i-1})\underline{B}\ \underline{G} \\[3ex]
\underline{0}
\end{bmatrix}
\tag{4.20}
$$

In (4.20) ist die 1-te, die (j+1)-te und als letzte besetzte Zeile die $(n-\rho_i+1)$-te Zeile dargestellt.

Rechnet man $M_i(\underline{v})$ nach Beziehung (4.18) mit (4.19) und (4.20) aus, so ergibt sich

$$M_i(\underline{v}) = \sum_{j=0}^{n-\rho_i} \left\{ \sum_{q=0}^{n-\rho_i-j} \alpha_{i,n-q+1} \sum_{p=\rho_i}^{n-q-j} \binom{n-p-q}{j}((L_{A+BF\underline{c}_i}^{p-1})\underline{B}\ \underline{G})^{(n-p-q-j)} \right\} \underline{v}^{(j)} \tag{4.21}$$

$$\text{mit } \alpha_{i,n+1} = 1$$

Beispiel:

In dem folgenden Beispiel soll für das (Gl. (4.3) entsprechende) System

$$\dot{\underline{x}} = \underbrace{\begin{bmatrix} 0 & 1 & -1 \\ -t^2 & -t & -1 \\ 1 & 0 & -t \end{bmatrix}}_{\underline{A} + \underline{B}\,\underline{F}} \underline{x} + \underbrace{\begin{bmatrix} 1 & 0 \\ 1 & 1 \\ 0 & 0 \end{bmatrix}}_{\underline{B}\,\underline{G}} \underline{v} \qquad (4.22a)$$

$$\underline{y} = \underbrace{\begin{bmatrix} 1 & 0 & 0 \\ 1 & 1 & 1 \end{bmatrix}}_{\underline{C}} \underline{x} \qquad (4.22b)$$

die korrespondierende skalare Differentialgleichung für die erste Ausgangsgröße y_1 bestimmt werden.

Das vorliegende System (4.22) hat nach (4.4) die Differenzordnung $\rho_1 = 1$ (bezüglich der ersten Ausgangsgröße y_1), da

$$\underline{c}_1 \, \underline{B} \, \underline{G} = [1 \quad 0] \neq \underline{0}$$

ist. Damit erhält man für das System 3. Ordnung nach (4.17) und (4.21) die allgemeine Form der skalaren Differentialgleichung für y_1:

$$\dddot{y}_1 + \alpha_{13}\,\ddot{y}_1 + \alpha_{12}\,\dot{y}_1 + \alpha_{11}\,y_1$$

$$= \underline{c}_1 \, \underline{B} \, \underline{G}\,\ddot{\underline{v}} + \{2(\underline{c}_1 \, \underline{B} \, \underline{G})^\bullet + (L_{A+BF}\underline{c}_1)\underline{B} \, \underline{G} + \alpha_{13}\,\underline{c}_1 \, \underline{B} \, \underline{G}\}\,\dot{\underline{v}}$$

$$+ \{((L_{A+BF}\underline{c}_1)\underline{B} \, \underline{G})^\bullet + (L^2_{A+BF}\underline{c}_1)\underline{B} \, \underline{G} + \alpha_{13}(L_{A+BF}\underline{c}_1)\underline{B} \, \underline{G} \qquad (4.23)$$

$$+ (\underline{c}_1 \, \underline{B})^{\bullet\bullet} + \alpha_{13}(\underline{c}_1 \, \underline{B} \, \underline{G})^\bullet + \alpha_{12}\,\underline{c}_1 \, \underline{B} \, \underline{G}\}\underline{v}$$

Die in (4.23) auftretenden Koeffizienten α_{11}, α_{12}, α_{13} der charakteristischen zeitvariablen Gleichung können nach (4.13) berechnet werden:

$$L^3_{A+BF}\underline{c}_1 = -\alpha_{11}\,\underline{c}_1 - \alpha_{12}\,L_{A+BF}\underline{c}_1 - \alpha_{13}\,L_{A+BF}\underline{c}_1$$

oder

$$[\alpha_{11}, \ \alpha_{12}, \ \alpha_{13}] = - \ L^3_{A+BF\underline{c}_1} \begin{bmatrix} \underline{c}_1 \\ L_{A+BF\underline{c}_1} \\ L^2_{A+BF\underline{c}_1} \end{bmatrix}^{-1} \qquad\qquad (4.24)$$

In (4.24) tritt die Inverse der Beobachtbarkeitsmatrix $\underline{Q}_{o_1}$ des Systems (4.22) bezüglich $\underline{c}_1$ auf, d.h. die Koeffizienten können nur bestimmt werden, wenn diese Beobachtbarkeitsmatrix den vollen Rang hat. In dem vorliegenden System ist die entsprechende Beobachtbarkeitsmatrix

$$\underline{Q}_{o_1} = \begin{bmatrix} 1 & 0 & 0 \\ 0 & 1 & -1 \\ -t^2-1 & -t & t-1 \end{bmatrix}$$

invertierbar, so daß man für (4.24) erhält

$$[\alpha_{11}, \ \alpha_{12}, \ \alpha_{13}] = - \ [t^3-1-1, \ -2, \ 2t+2] \begin{bmatrix} 1 & 0 & 0 \\ -t^2-1 & 1-t & -1 \\ -t^2-1 & -t & -1 \end{bmatrix}$$

Damit ergeben sich die gesuchten Koeffizienten zu:

$$\begin{aligned} \alpha_{11} &= t^3 + 3t + 1 \\ \alpha_{12} &= 2t^2 + 2 \\ \alpha_{13} &= 2t \end{aligned} \qquad\qquad (4.25)$$

Weiterhin errechnet sich

$$\underline{c}_1 \ \underline{B} \ \underline{G} = [1 \ \ 0]$$

$$(L_{A+BF\underline{c}_1})\underline{B} \ \underline{G} = [1 \ \ 1]$$

$$(L^2_{A+BF\underline{c}_1})\underline{B} \ \underline{G} = [-t^2-t-1, \ -t] \ ,$$

so daß nach (4.23) für die rechte Seite $M_1(\underline{v})$ der skalaren Differentialgleichung gilt

$$M_1(\underline{v}) = [1 \quad 0]\underline{\ddot{v}} + [1 + \alpha_{13}, \ 1]\underline{\dot{v}} + [-t^2 - t - 1 + \alpha_{12} + \alpha_{13}, \ -t + \alpha_{13}]\underline{v}$$

Durch Einsetzen von (4.25) erhält man die gesuchte korrespondierende Differentialgleichung für y_1:

$$\dddot{y}_1 + 2t\,\ddot{y}_1 + (2t^2 + 2)\dot{y}_1 + (t^3 + 3t + 1)y_1 =$$

$$= \ddot{v}_1 + (2t + 1)\dot{v}_1 + (t^2 + t + 1)v_1 + \dot{v}_2 + t\,v_2$$

$$(4.26)$$

Die korrespondierende skalare Differentialgleichung für die zweite Ausgangsgröße y_2 des Systems (4.22) kann in entsprechender Weise bestimmt werden.

4.3 Die Entkopplungsmatrizen

Die Entkopplung eines zeitvariablen Mehrgrößensystems kann folgendermaßen
definiert werden:

Definition der Entkopplung: Das System (4.1) wird durch die Matrizen $\underline{F}(t)$
und $\underline{G}(t)$ ($\underline{G}(t)$ nichtsingulär) entkoppelt, wenn für die skalare Differentialgleichung (4.17) gilt

$$y_i^{(n)} + \alpha_{i,n}\,y_i^{(n-1)} + \ldots + \alpha_{i,1}\,y_i = M_i(\underline{v}) \equiv M_i(v_i) \tag{4.27}$$

für $i = 1,2,\ldots,m$ und wenn

$$M_i(\underline{v}) \neq \underline{0} \tag{4.28}$$

ist   für $i = 1,2,\ldots,m$.

Die Definition der Entkopplung bedeutet also, daß bei einem entkoppelten
Mehrgrößensystem die i-te Ausgangsgröße y_i einschließlich ihrer Ableitungen
nur von der i-ten Eingangsgröße v_i mit ihren Ableitungen abhängt.

Es wird behauptet, daß die Entkopplung des Systems (4.1) mit den Matrizen

$\underline{F}(t) = \underline{F}^*(t)$ und $\underline{G}(t) = \underline{G}^*(t)$ durchgeführt werden kann, wenn gilt

$$\underline{F}^* = - \underline{B}^{*-1} \underline{A}^* \tag{4.29}$$

$$\underline{G}^* = \underline{B}^{*-1} \; , \tag{4.30}$$

wobei

$$\underline{A}^*(t) = \begin{bmatrix} L_A^{\rho_1} \underline{c}_1 \\ \vdots \\ L_A^{\rho_i} \underline{c}_i \\ \vdots \\ L_A^{\rho_m} \underline{c}_m \end{bmatrix} \tag{4.31}$$

und

$$\underline{B}^*(t) = \begin{bmatrix} (L_A^{\rho_1-1} \underline{c}_1) \underline{B} \\ \vdots \\ (L_A^{\rho_i-1} \underline{c}_i) \underline{B} \\ \vdots \\ (L_A^{\rho_m-1} \underline{c}_m) \underline{B} \end{bmatrix} \tag{4.32}$$

$\underline{A}^*(t)$ und $\underline{B}^*(t)$ sind mxn bzw. mxm Matrizen, $\underline{B}^*$ ist als nichtsingulär vorausgesetzt.

Für den Beweis werden zwei Hilfsbeziehungen benötigt, die zunächst abgeleitet werden.

Nach (4.5b) gilt für $k = \rho_i$

$$L_{A+BF^*}^{\rho_i} \underline{c}_i = L_A^{\rho_i} \underline{c}_i + (L_A^{\rho_i-1} \underline{c}_i) \underline{B} \; \underline{F}^* \tag{4.33}$$

$(L_A^{\rho_i-1} \underline{c}_i) \underline{B}$ ist die i-te Zeile von $\underline{B}^*$, die mit $\underline{B}_i^*$ bezeichnet wird, so daß sich mit (4.29) ergibt:

$$(L_A^{\rho_i-1} \underline{c}_i) \underline{B} \; \underline{F}^* = - \underline{B}_i^* \; \underline{B}^{*-1} \underline{A}^*$$

Dieser Ausdruck ist aber gleich der i-ten Zeile $\underline{A}_{-i}^{*}$ von $\underline{A}^{*}$, da

$$\underline{B}_{-i}^{*} \, \underline{B}^{*-1} = [0 \ \ldots \ 0 \ \ 1 \ \ 0 \ \ldots \ 0] \tag{4.34}$$

$$\uparrow$$
$$\text{i-te Spalte}$$

ist, d.h. es gilt

$$(L_A^{\rho_i-1} \underline{c}_i) \underline{B} \, \underline{F}^{*} = - \underline{A}_{-i}^{*} = - L_A^{\rho_i} \underline{c}_i$$

Daraus folgt für (4.33)

$$L_{A+BF^{*}}^{\rho_i} \underline{c}_i = \underline{0}$$

und damit ($i = 1,2,\ldots,m$)

$$L_{A+BF^{*}}^{\rho_i+k} \underline{c}_i = \underline{0} \qquad\qquad \text{für } k = 0,1,2,\ldots \tag{4.35}$$

Die zweite Hilfsbeziehung kann mit (4.30) und (4.5a) folgendermaßen abgeleitet werden:

$$(L_{A+BF^{*}}^{\rho_i-1} \underline{c}_i) \underline{B} \, \underline{G}^{*} = (L_{A+BF}^{\rho_i-1} \underline{c}_i) \underline{B} \, \underline{B}^{*-1}$$

$$= (L_A^{\rho_i-1} \underline{c}_i) \underline{B} \, \underline{B}^{*-1}$$

oder

$$(L_{A+BF^{*}}^{\rho_i-1} \underline{c}_i) \underline{B} \, \underline{G}^{*} = \underline{B}_{-i}^{*} \, \underline{B}^{*-1} \qquad \text{für } i = 1,2,\ldots,m \tag{4.36}$$

Wenn man die Hilfsbeziehungen (4.35) und (4.36) auf (4.20) anwendet und berücksichtigt, daß die zeitliche Ableitung von $\underline{B}_{-i}^{*} \, \underline{B}^{*-1}$ (Gl. (4.34)) verschwindet, so erhält man bei $\underline{F} = \underline{F}^{*}$ und $\underline{G} = \underline{G}^{*}$:

$$\underline{P}_{-i}(\underline{F}^{*}, \underline{G}^{*}) = \begin{bmatrix} \alpha_{i,\rho_i+1} \, \underline{B}_{-i}^{*} \, \underline{B}^{*-1} \\ \vdots \\ \alpha_{i,\rho_i+j+1} \, \underline{B}_{-i}^{*} \, \underline{B}^{*-1} \\ \vdots \\ \underline{B}_{-i}^{*} \, \underline{B}^{*-1} \\ \\ \underline{0} \end{bmatrix} \tag{4.37}$$

Damit ergibt sich nach (4.18)

$$\text{spur}(\underline{P}_i\{\underline{F}^*,\underline{G}^*\} \cdot \underline{V}) = + \alpha_{i,\rho_i+1}\, \underline{B}_i^*\, \underline{B}^{*-1}\, \underline{v} + \ldots + \alpha_{i,\rho_i+j+1}\, \underline{B}_i^*\, \underline{B}^{*-1}\, \underline{v}^{(j)} +$$

$$\ldots + \underline{B}_i^*\, \underline{B}^{*-1}\, \underline{v}^{(n-\rho_i)} \tag{4.38}$$

oder mit (4.34)

$$\text{spur}(\underline{P}_i\{\underline{F}^*, \underline{G}^*\} \cdot \underline{V}) = + \alpha_{i,\rho_i+1}\, v_i + \ldots + \alpha_{i,\rho_i+j+1}\, v_i^{(j)} + \ldots + v_i^{(n-\rho_i)}$$

$$= M_i(v_i) \neq 0 \tag{4.39}$$

(4.39) erfüllt für $i = 1,2,\ldots,m$ die Forderungen (4.27) und (4.28) in der
Definition der Entkopplung. Damit ist die Behauptung richtig, daß die angegebenen Matrizen $\underline{F}^*(t)$ und $\underline{G}^*(t)$ das System (4.1) entkoppeln. An diese
Überlegungen anschließend kann gezeigt werden, daß die Nichtsingularität
von $\underline{B}^*(t)$ nicht nur eine hinreichende, sondern auch eine notwendige Bedingung für die Entkoppelbarkeit ist.

Die Gleichung des entkoppelten Systems lautet damit nach (4.3) in Verbindung
mit (4.29) und (4.30)

$$\underline{\dot{x}} = [\underline{A}(t) - \underline{B}(t)\, \underline{B}^{*-1}(t)\, \underline{A}^*(t)]\underline{x} + \underline{B}(t)\, \underline{B}^{*-1}(t)\, \underline{v} \tag{4.40a}$$

$$\underline{y} = \underline{C}(t)\underline{x} \tag{4.40b}$$

Die Steuerbarkeit und Beobachtbarkeit des Originalsystems (4.1) ist weder
eine notwendige noch hinreichende Bedingung für die Entkoppelbarkeit. Das
kann an Gegenbeispielen gezeigt werden: Es gibt Systeme, die steuerbar
und beobachtbar, jedoch nicht entkoppelbar sind und weiterhin Systeme, die
weder steuerbar noch beobachtbar, jedoch entkoppelbar sind.

Beispiel:

Das folgende zeitvariable System soll durch Zustandsvektorrückkopplung
entkoppelt werden:

$$\dot{\underline{x}} = \begin{bmatrix} 1 & 0 & 0 \\ a(t) & 1 & 0 \\ 0 & 0 & 1 \end{bmatrix} \underline{x} + \begin{bmatrix} 1 & 1 \\ 0 & 1 \\ 0 & 1 \end{bmatrix} \underline{u} \qquad (4.41a)$$

$$\underbrace{\qquad}_{\underline{A}} \qquad \underbrace{\quad}_{\underline{B}}$$

$$\underline{y} = \begin{bmatrix} 1 & 0 & 1 \\ 0 & 1 & 0 \end{bmatrix} \underline{x} \qquad (4.41b)$$

$$\underbrace{\qquad}_{\underline{C}}$$

Aus den Definitionsgleichungen (4.4) erhält man für das System (4.41) für die
Differenzordnung ρ_1

$$\underline{c}_1 \, \underline{B} = \begin{bmatrix} 1 & 2 \end{bmatrix} \neq \underline{0} \quad ,$$

d.h. $\rho_1 = 1$,

und für die Differenzordnung ρ_2

$$\underline{c}_2 \, \underline{B} = \begin{bmatrix} 0 & 1 \end{bmatrix} \neq \underline{0} \quad ,$$

d.h. $\rho_2 = 1$.

Damit ergibt sich nach (4.31)

$$\underline{A}^* = \begin{bmatrix} L_A \underline{c}_1 \\ L_A \underline{c}_2 \end{bmatrix} = \begin{bmatrix} 1 & 0 & 1 \\ a(t) & 1 & 0 \end{bmatrix} \qquad (4.42)$$

und nach (4.32)

$$\underline{B}^* = \begin{bmatrix} \underline{c}_1 \, \underline{B} \\ \underline{c}_2 \, \underline{B} \end{bmatrix} = \begin{bmatrix} 1 & 2 \\ 0 & 1 \end{bmatrix} \qquad (4.43)$$

Aus (4.29) und (4.30) errechnen sich daraus die Entkopplungsmatrizen
$\underline{F}^*$ und $\underline{G}^*$ zu

$$\underline{F}^* = \begin{bmatrix} 2a(t)-1 & 2 & -1 \\ -a(t) & -1 & 0 \end{bmatrix} \tag{4.44}$$

$$\underline{G}^* = \begin{bmatrix} 1 & -2 \\ 0 & 1 \end{bmatrix} \tag{4.45}$$

Aus (4.40) ergibt sich mit (4.42) und (4.43) die Gleichung des entkoppelten Systems:

$$\underline{\dot{x}} = \begin{bmatrix} a(t) & 1 & -1 \\ 0 & 0 & 0 \\ -a(t) & -1 & 1 \end{bmatrix} \underline{x} + \begin{bmatrix} 1 & -1 \\ 0 & 1 \\ 0 & 1 \end{bmatrix} \underline{v} \tag{4.46a}$$

$$\underline{y} = \begin{bmatrix} 1 & 0 & 1 \\ 0 & 1 & 0 \end{bmatrix} \underline{x} \tag{4.46b}$$

4.4 Die Änderung der Systemdynamik [23]

Die Grundlage für die Wahl der Entkopplungsmatrizen $\underline{F}^*(t)$ und $\underline{G}^*(t)$ liegt
in folgendem: Aus der Beziehung (4.12) ergibt sich für $k = \rho_i$

$$y_i^{(\rho_i)} = (L_{A+BF\underline{c}_i}^{\rho_i}\underline{c}_i)\underline{x} + (L_{A+BF\underline{c}_i}^{\rho_i-1}\underline{c}_i)\underline{B}\ \underline{G}\ \underline{v} \tag{4.47}$$

$$i = 1,2,\ldots,m$$

und daraus mit (4.5b)

$$y_i^{(\rho_i)} = L_A^{\rho_i}\underline{c}_i + (L_A^{\rho_i-1}\underline{c}_i)\underline{B}\ \underline{F}\ \underline{x} + (L_A^{\rho_i-1}\underline{c}_i)\underline{B}\ \underline{G}\ \underline{v} \tag{4.48}$$

$$i = 1,2,\ldots,m$$

Betrachtet man nun alle Komponenten des Ausgangsvektors, so erhält man für

$$\underline{y}^* = [y_1^{(\rho_1)}\ \ldots\ y_i^{(\rho_i)}\ \ldots\ y_m^{(\rho_m)}]' \tag{4.49}$$

nach (4.48) mit (4.31) und (4.32)

$$\underline{y}^* = [\underline{A}^*(t) + \underline{B}^*(t)\ \underline{F}(t)]\underline{x} + \underline{B}^*(t)\ \underline{G}(t)\ \underline{v} \qquad (4.50)$$

Setzt man in dieser Gleichung $\underline{F} = \underline{F}^*$ und $\underline{G} = \underline{G}^*$ nach (4.29) und (4.30), so errechnet sich

oder

$$\underline{y}^* = \underline{v}$$
$$y_i^{(\rho_i)} = v_i \qquad i = 1,2,\ldots,m \qquad (4.51)$$

Die Gleichung (4.51) repräsentiert jedoch im allgemeinen nicht das entkoppelte System, da dieser Beziehung eine Kürzung der zeitvariablen Kompensationselemente (konstanter Fall: Pol-Nullstellenkürzung) zugrunde liegt. Die allgemeine Systembeschreibung des durch $\underline{F}^*$ und $\underline{G}^*$ entkoppelten Systems gibt die Beziehung (4.40) an.

Um jedoch bei einem Entwurf die Dynamik des entkoppelten Mehrgrößensystems beeinflussen zu können, wird die Matrix $\underline{F}(t)$ unter Beibehaltung von $\underline{G} = \underline{G}^*$ folgendermaßen angesetzt:

$$\underline{F}(t) = \underline{F}^{**}(t) = -\ \underline{B}^{*-1}(t)[\underline{A}^*(t) + \underline{C}^*(t)] \qquad (4.52)$$

mit

$$\underline{C}^*(t) = \begin{bmatrix} \displaystyle\sum_{k=0}^{\rho_1-1} h_k^1(t)\ L_{\underline{A}}^k \underline{c}_1 \\[1em] \vdots \\[1em] \displaystyle\sum_{k=0}^{\rho_i-1} h_k^i(t)\ L_{\underline{A}}^k \underline{c}_i \\[1em] \vdots \\[1em] \displaystyle\sum_{k=0}^{\rho_m-1} h_k^m(t)\ L_{\underline{A}}^k \underline{c}_m \end{bmatrix} \qquad (4.53)$$

Setzt man in (4.50) $\underline{F} = \underline{F}^{**}$ und $\underline{G} = \underline{G}^*$, so ergibt sich

$$\underline{y}^* = - \underline{C}^*(t)\underline{x} + \underline{v} \tag{4.54}$$

oder, wenn die i-te Komponente von $\underline{y}^*$ betrachtet wird,

$$y_i^{(\rho_i)} = - (\sum_{k=0}^{\rho_i-1} h_k^i(t) \, L_{\underline{A}}^k \underline{c}_i)\underline{x} + v_i \tag{4.55}$$

Mit (4.11) errechnet sich daraus

$$y_i^{(\rho_i)} + h_{\rho_i-1}^i(t) \, y_i^{(\rho_i-1)} + \dots + h_1^i(t) \, \dot{y}_i + h_0^i(t) \, y_i = v_i \tag{4.56}$$

$$i = 1,2,\dots,m$$

Die Beziehung (4.56) stellt ebenso wie (4.51) eine Beschreibung des entkoppelten Systems nach der Kürzung der Kompensationselemente dar; die tatsächliche Beschreibung des entkoppelten Systems erhält man mit $\underline{F} = \underline{F}^{**}$ und $\underline{G} = \underline{G}^*$ aus (4.3):

$$\underline{\dot{x}} = \{\underline{A}(t) - \underline{B}(t) \, \underline{B}^{*-1}(t)[\underline{A}^*(t) + \underline{C}^*(t)]\}\underline{x} + \underline{B} \, \underline{B}^{*-1} \, \underline{v} \tag{4.57a}$$

$$\underline{y} = \underline{C}(t)\underline{x} \tag{4.57b}$$

In Gleichung (4.57) wird damit das entkoppelte zeitvariable Mehrgrößensystem beschrieben, das durch die Zustandsvektorrückkopplung (4.2) mit $\underline{F} = \underline{F}^{**}$ und $\underline{G} = \underline{G}^*$ aus dem System (4.1) entsteht. Die Dynamik des entkoppelten Systems kann durch die Wahl von $\underline{C}^*(t)$ oder gleichbedeutend durch die Wahl der Ausdrücke $h_j^i(t)$ (nach (4.53) bestimmt werden, was insbesondere in der Beziehung (4.56) anschaulich wird.

Wenn das System (4.1) anstelle einer Zustandsvektorrückkopplung durch eine Ausgangsvektorrückkopplung der Form

$$\underline{u} = \underline{H}(t)\underline{y} + \underline{G}(t)\underline{v} \tag{4.58}$$

($\underline{H}(t)$ ist eine mxm Matrix) geregelt wird, so tritt in (4.3) statt $\underline{F}(t)$ der Ausdruck $\underline{H}(t) \cdot \underline{C}(t)$ auf. Damit läßt sich das oben beschriebene dynamische

Verhalten auch mit Ausgangsvektorrückkopplung erreichen, wenn es möglich ist, $\underline{H}(t)$ so zu wählen, daß für das Produkt $\underline{H} \cdot \underline{C}$ nach (4.52) gilt

$$\underline{H}(t) \cdot \underline{C}(t) = - \underline{B}^{*-1}(t)[\underline{A}^*(t) + \underline{C}^*(t)] \tag{4.59}$$

Die Nichtsingularität von $\underline{B}^*(t)$ ist dabei allein nicht hinreichend für die Entkoppelbarkeit mittels Ausgangsvektorrückkopplung (im Gegensatz zur Zustandsvektorrückkopplung), wie durch Gegenbeispiele leicht gezeigt werden kann.

<u>Beispiel</u>:

Im folgenden soll die Dynamik des Systems (4.41) geändert werden, das in dem Beispiel des Abschnitts 4.3 entkoppelt wurde.

Dieses System hat die Form

$$\underline{\dot{x}} = \begin{bmatrix} 1 & 0 & 0 \\ a(t) & 1 & 0 \\ 0 & 0 & 1 \end{bmatrix} \underline{x} + \begin{bmatrix} 1 & 1 \\ 0 & 1 \\ 0 & 1 \end{bmatrix} \underline{u} \tag{4.41a}$$

$$\underline{y} = \begin{bmatrix} 1 & 0 & 1 \\ 0 & 1 & 0 \end{bmatrix} \underline{x} \tag{4.41b}$$

Die Gleichung des zugehörigen entkoppelten Systems <u>ohne</u> Dynamikänderung lautete

$$\underline{\dot{x}} = \begin{bmatrix} a(t) & 1 & -1 \\ 0 & 0 & 0 \\ -a(t) & -1 & 1 \end{bmatrix} \underline{x} + \begin{bmatrix} 1 & -1 \\ 0 & 1 \\ 0 & 1 \end{bmatrix} \underline{v} \tag{4.46b}$$

$$\underline{y} = \begin{bmatrix} 1 & 0 & 1 \\ 0 & 1 & 0 \end{bmatrix} \underline{x} \tag{4.46b}$$

Nach (4.4) ergab sich für die Differenzordnungen des Systems (4.41) $\rho_1 = 1$ und $\rho_2 = 1$; daraus folgt für die Matrix $\underline{C}^*$ nach (4.53)

$$\underline{C}^* = \begin{bmatrix} h_o^1(t) & \underline{c}_1 \\ \\ h_o^2(t) & \underline{c}_2 \end{bmatrix} = \begin{bmatrix} h_o^1(t) & 0 & h_o^1(t) \\ \\ 0 & h_o^2(t) & 0 \end{bmatrix} \qquad (4.60)$$

Die zugehörige Entkopplungsmatrix $\underline{F}^{**}$ im Rückführzweig errechnet sich mit (4.60) und den unveränderten Matrizen $\underline{A}^*$ und $\underline{B}^*$ (Gln. (4.42) und (4.43)) aus Abschnitt 4.3 nach (4.52):

$$\underline{F}^{**} = \begin{bmatrix} -h_o^1(t)+2a(t)-1 & 2h_o^2(t)+2 & -h_o^1(t)-1 \\ \\ -a(t) & -h_o^2(t)-1 & 0 \end{bmatrix} \qquad (4.61)$$

Die Entkopplungsmatrix $\underline{G}^*$ im Vorwärtszweig wird nicht verändert und ist in (4.45) angegeben. Die Beschreibung des mit $\underline{F}^{**}$ und $\underline{G}^*$ entkoppelten Systems erhält man nach (4.57):

$$\underline{\dot{x}} = \begin{bmatrix} a(t)-h_o^1(t) & h_o^2(t)+1 & -h_o^1(t)-1 \\ 0 & -h_o^2(t) & 0 \\ -a(t) & -h_o^2(t)-1 & 1 \end{bmatrix} \underline{x} + \begin{bmatrix} 1 & -1 \\ 0 & 1 \\ 0 & 1 \end{bmatrix} \underline{v} \qquad (4.62a)$$

$$\underline{y} = \begin{bmatrix} 1 & 0 & 1 \\ 0 & 1 & 0 \end{bmatrix} \underline{x} \qquad (4.62b)$$

Die Systemdynamik kann dabei durch $h_o^1(t)$ und $h_o^2(t)$ variiert werden.

(4.62) representiert das entkoppelte System in der vollständigen Form, d.h. einschließlich der Kompensationselemente. Wenn man diese Kompensationselemente kürzen würde, so ergäbe sich für (4.62) (vgl. (4.56))

$$\dot{y}_1 + h_o^1(t)\, y_1 = v_1 \qquad (4.63a)$$

$$\dot{y}_2 + h_o^2(t)\, y_2 = v_2 \qquad (4.63b)$$

4.5 Die Beobachtbarkeit

Die Beobachtbarkeit von entkoppelten Mehrgrößensystemen wurde für den konstanten Fall in [24] betrachtet; die Gleichungen für zeitvariable Systeme sind auf der Grundlage von [18] in [25] angegeben worden.

Im folgenden wird die Beobachtbarkeit des zeitvariablen Mehrgrößensystems (4.1) untersucht, das mittels Zustandsvektorrückkopplung durch die Matrizen

$$\underline{G}^* = \underline{B}^{*-1} \tag{4.30}$$

und

$$\underline{F}^{**} = - \underline{B}^{*-1}[\underline{A}^* + \underline{C}^*] \tag{4.52}$$

entkoppelt wurde. Wie in Abschnitt 4.4 dargestellt wurde, kann die Systemdynamik dabei durch $\underline{C}^*(t)$ verändert werden. Das mit (4.30) und (4.52) entkoppelte Mehrgrößensystem hat die Form (Abschn. 4.4):

$$\underline{\dot{x}} = [\underline{A}(t) + \underline{B}(t)\,\underline{F}^{**}(t)]\underline{x} + \underline{B}(t)\,\underline{G}^*(t)\underline{v} \tag{4.64a}$$

$$\underline{y} = \underline{C}(t)\underline{x} \tag{4.64b}$$

Als Grundlage zur Untersuchung der Beobachtbarkeit wird die Beobachtbarkeitsmatrix $\underline{Q}_o(t)$ (Gl. (2.13)) für das System (4.64) betrachtet:

$$\underline{Q}_o(t) = \begin{bmatrix} \underline{C} \\ L_{A+BF^{**}}\underline{C} \\ \cdot \\ \cdot \\ \cdot \\ L^{n-1}_{A+BF^{**}}\,\underline{C} \end{bmatrix} \tag{4.65}$$

Das System (4.64) ist dann und nur dann gleichmäßig beobachtbar in $[t_o,t_1]$, wenn $\underline{Q}_o(t)$ für alle t innerhalb $[t_o,t_1]$ den Rang n hat.(Abschnitt 2.1). Die gleichmäßige Beobachtbarkeit erfordert also n linear unabhängige Zeilen von $\underline{Q}_o$, wofür im folgenden Bedingungen abgeleitet werden sollen.

Für die 1-te bis ρ_i-te Zeile der Matrix (4.65) gilt nach der Hilfsbeziehung (4.5a)

$$L^{\nu}_{A+BF^{**}} \underline{c}_i = L^{\nu}_A \underline{c}_i \qquad \text{für } \nu = 0,1,\ldots,\rho_i-1 \qquad (4.66)$$

Für die nächste Zeile erhält man nach (4.5b)

$$L^{\rho_i}_{A+BF^{**}} \underline{c}_i = L^{\rho_i}_A \underline{c}_i + (L^{\rho_i-1}_A \underline{c}_i)\underline{B}\ \underline{F}^{**} \qquad (4.67)$$

Da $(L^{\rho_i-1}_A \underline{c}_i)\underline{B}$ die i-te Zeile von $\underline{B}^*$ ist (Gl. (4.32)), ergibt sich aus (4.52) und (4.34), daß der zweite Summand auf der rechten Seite von (4.67) die i-te Zeile der Matrix $(\underline{A}^* + \underline{C}^*)$ ist; d.h. es gilt

$$L^{\rho_i}_{A+BF^{**}} \underline{c}_i = L^{\rho_i}_A \underline{c}_i - (L^{\rho_i}_A \underline{c}_i + \sum_{k=0}^{\rho_i-1} h^i_k(t)\ L^k_A \underline{c}_i)$$

oder

$$L^{\rho_i}_{A+BF^{**}} \underline{c}_i = - \sum_{k=0}^{\rho_i-1} h^i_k(t)\ L^k_A \underline{c}_i \qquad (4.68)$$

Weiterhin erhält man aus der Definition des Operators in Verbindung mit (4.68)

$$L^{\rho_i+1}_{A+BF^{**}} \underline{c}_i = (- \sum_{k=0}^{\rho_i-1} h^i_k(t)\ L^k_A \underline{c}_i)^{\cdot} + (- \sum_{k=0}^{\rho_i-1} h^i_k(t)\ L^k_A \underline{c}_i)(\underline{A} + \underline{B}\ \underline{F}^{**})$$

oder

$$L^{\rho_i+1}_{A+BF^{**}} \underline{c}_i = - \sum_{k=0}^{\rho_i-1} h^i_k(t)\ (L^k_A \underline{c}_i)^{\cdot} - \sum_{k=0}^{\rho_i-1} \dot{h}^i_k(t)\ L^k_A \underline{c}_i$$

$$- (\sum_{k=0}^{\rho_i-1} h^i_k(t)\ L^k_A \underline{c}_i)\underline{A} - (\sum_{k=0}^{\rho_i-1} h^i_k(t)\ L^k_A \underline{c}_i)\underline{B}\ \underline{F}^{**}$$

Daraus errechnet sich unter Berücksichtigung von (4.4a)

$$L^{\rho_i+1}_{A+BF^{**}} \underline{c}_i = - \sum_{k=0}^{\rho_i+1} h^i_k(t)\ L^{k+1}_A \underline{c}_i - \sum_{k=0}^{\rho_i-1} \dot{h}^i_k(t)\ L^k_A \underline{c}_i$$

$$- h^i_{\rho_i-1}(t)\ (L^{\rho_i-1}_A \underline{c}_i)\underline{B}\ \underline{F}^{**}$$

und nach dem Einsetzen von $\underline{F}^{**}$ (Gl. (4.52))

$$L_{A+BF^{**}}^{\rho_i+1}\,\underline{c}_i = -\sum_{k=0}^{\rho_i-2} h_k^i(t)\, L_A^{k+1}\,\underline{c}_i - \sum_{k=0}^{\rho_i-1} \dot{h}_k^i(t)\, L_A^k\,\underline{c}_i$$

$$+ h_{\rho_i-1}^i(t) \sum_{k=0}^{\rho_i-1} h_k^i(t)\, L_A^k\,\underline{c}_i \tag{4.69}$$

Die Gleichungen (4.68) und (4.69) sind eine Linearkombination von $L_A^k\,\underline{c}_i$ für $k=0,1,\ldots,\rho_i-1$ und es ist sofort ersichtlich, daß das auch für $L_{A+BF^{**}}^{\nu}\,\underline{c}_i$ für $\nu=\rho_i+2,\rho_i+3,\ldots,n-1$ der Fall ist. Das Ergebnis gilt dabei für $i=1,2,\ldots,m$. Der Rang der Beobachtbarkeitsmatrix (4.65) ist damit $\sum\limits_{i=1}^{m} \rho_i$, sofern gezeigt werden kann, daß die Ausdrücke $\underline{c}_1, L_A\underline{c}_1,\ldots, L_A^{\rho_1-1}\,\underline{c}_1, \underline{c}_2,\ldots, L_A^{\rho_2-1}\,\underline{c}_2,\ldots$ $\ldots, L_A^{\rho_m-1}\,\underline{c}_m$ linear unabhängig sind.

Der Beweis für die lineare Unabhängigkeit wird durch Widerspruch geführt: Unter der Annahme, daß die obigen Ausdrücke linear abhängig sind, gilt (nicht alle g_j^i gleich Null):

$$g_o^1\,\underline{c}_1 + g_1^1\, L_A\underline{c}_1 + \ldots + g_{\rho_1-1}^1\, L_A^{\rho_1-1}\,\underline{c}_1 + g_o^2\,\underline{c}_2 + \ldots + g_{\rho_2-1}^2\, L_A^{\rho_2-1}\,\underline{c}_2 + \ldots$$

$$\ldots + g_{\rho_m-1}^m\, L_A^{\rho_m-1}\,\underline{c}_m = \underline{0} \tag{4.70}$$

In (4.70) ist

$$g_{\rho_i-1}^i = 0 \qquad \text{für } i = 1,2,\ldots,m, \tag{4.71}$$

was man durch Nachmultiplikation von (4.70) mit $\underline{B}$ (det $\underline{B}^* \neq 0$ beinhaltet Rang $\underline{B} = m$) und aus der Nichtsingularität von $\underline{B}^*$ erkennt.

Wenn man nach Berücksichtigung von (4.71) die Gleichung (4.70) nach der Zeit differenziert und (4.70) mit $\underline{A}$ nachmultipliziert, so führt die Addition dieser beiden Beziehungen und ihre Zusammenfassung zu:

$$g_o^1\, L_A\underline{c}_1 + g_1^1\, L_A^2\underline{c}_1 + \ldots + g_{\rho_1-2}^1\, L_A^{\rho_1-1}\,\underline{c}_1 + \ldots + g_o^2\, L_A\underline{c}_2 + g_{\rho_2-2}^2\, L_A^{\rho_2-1}\,\underline{c}_2 + \ldots$$

$$\ldots + g_{\rho_m-2}^m\, L_A^{\rho_m-1}\,\underline{c}_m = \underline{0} \tag{4.72}$$

Multipliziert man (4.72) mit $\underline{B}$ und nutzt die Nichtsingularität von $\underline{B}^*$ aus, so ergibt sich $g^i_{\rho_i-2} = 0$ für $i = 1,2,\ldots,m$.

Wenn dieses Vorgehen entsprechend oft wiederholt wird, erweisen sich alle Koeffizienten g^i_j in (4.70) als Null, was der obigen Annahme widerspricht. Damit ist gezeigt, daß die Ausdrücke $\underline{c}_1, \ldots, L_A^{\rho_1-1}\underline{c}_1, \underline{c}_2 \ldots, L_A^{\rho_2-1}\underline{c}_2, \ldots$ $\ldots, L_A^{\rho_m-1}\underline{c}_m$ linear unabhängig sind. Daraus folgt, daß der Rang der Beobachtbarkeitsmatrix (4.65) tatsächlich gleich $\sum_{i=1}^{m}\rho_i$ ist. Da andererseits für die gleichmäßige Beobachtbarkeit der Rang n der Beobachtbarkeitsmatrix erforderlich ist, ergibt sich das folgende Ergebnis:

Das zeitvariable System (4.64), das durch $\underline{F}^{**}$ entkoppelt worden ist, ist im betrachteten Zeitintervall dann und nur dann (gleichmäßig) beobachtbar, wenn

$$\sum_{i=1}^{m} \rho_i = n \qquad (4.73)$$

ist.

Wenn in einem vorliegenden System (4.1) $\sum_{i=1}^{m}\rho_i > n$ ist, so kann gezeigt werden, daß das System durch $\underline{F}^{**}$ nicht entkoppelbar ist. Bei $\sum_{i=1}^{m}\rho_i < n$ ist das System entkoppelbar, jedoch - wie dargestellt - nicht beobachtbar.

<u>Beispiel:</u>

Als Beispiel soll die Beobachtbarkeit der entkoppelten Systeme (4.46) und (4.62) betrachtet werden, die in den Beispielen der Abschnitte 4.3 bzw. 4.4 berechnet wurden. Für das zugrunde liegende Originalsystem (4.41) ergaben sich die Differenzordnungen $\rho_1 = 1$ und $\rho_2 = 1$. Da die Ordnung des Systems (4.41) n = 3 ist, erhält man damit nach (4.73)

$$\sum_{i=1}^{2} \rho_i = 2 < 3 \quad ,$$

d.h. die entkoppelten Systeme (4.46) und (4.62) sind beide nicht beobachtbar.

5. Der Entwurf und die Stabilisierung von Systemen mit Zustandsvektor-rückführung

Die Synthese von Systemen mit Zustandsvektorrückführung, und zwar insbesondere in Hinblick auf eine asymptotische Stabilisierung, ist für (vorwiegend) zeitinvariante Systeme mit einem Eingang und einem Ausgang in [26] und [27] behandelt worden. Die Erweiterung dieser Arbeiten auf zeitvariable Mehrgrößensysteme wurde in [28] durchgeführt; diese Untersuchung dient als Grundlage für die folgenden Ausführungen.

5.1 Definitionen und Problemstellung

Es wird das System

$$\underline{\dot{x}}(t) = \underline{A}(t)\,\underline{x}(t) + \underline{B}(t)\,\underline{u}(t) \qquad (5.1a)$$

$$\underline{y}(t) = \underline{C}(t)\,\underline{x}(t) \qquad (5.1b)$$

betrachtet, wobei $\underline{x}$ der n-dimensionale Zustandsvektor und $\underline{u}$ der r-dimensionale Eingangsvektor ist; die Matrizen $\underline{A}(t)$, $\underline{B}(t)$ und $\underline{C}(t)$ haben die Dimension nxn, nxr bzw. sxn ($r \leq n$ wird vorausgesetzt). Neben der in dieser Arbeit stets zugrunde gelegten Annahme, daß die Koeffizienten eines Systems genügend oft stetig differenzierbar sind, wird zusätzlich angenommen, daß das System (5.1) gleichmäßig steuerbar ist und die Matrix $\underline{B}(t)$ im betrachteten Zeitintervall den Rang r hat.

Nach Satz 2.5 in Abschnitt 2.1 muß bei gleichmäßiger Steuerbarkeit die nxnr Steuerbarkeitsmatrix

$$\underline{\overset{\Delta}{Q}}_c(t) = [\underline{B},\ L_A^*\underline{B},\ L_A^{*2}\underline{B},\ \ldots,\ L_A^{*n-1}\underline{B}] \qquad (5.2)$$

oder (mit $\underline{b}_i$ als i-te Spalte von $\underline{B}$, $i = 1,2,\ldots,r$)

$$\underline{\overset{\Delta}{Q}}_c(t) = [\underline{b}_1,\ \underline{b}_2,\ldots,\ \underline{b}_r,\ L_A^*\underline{b}_1,\ \ldots,\ L_A^*\underline{b}_r,\ \ldots,\ L_A^{*n-1}\underline{b}_r] \qquad (5.3)$$

für alle t in dem betrachteten Intervall $[t_o,\ t_1]$ den Rang n haben. Bei gleichmäßiger Steuerbarkeit kann aus der nxnr Steuerbarkeitsmatrix $\underline{\overset{\Delta}{Q}}_c$ in

(5.3) eine eindeutige, nichtsinguläre nxn Steuerbarkeitsmatrix $\underline{Q}_c$ bestimmt
werden. Diese Matrix ergibt sich dadurch, daß in (5.3) von links nach rechts
alle linear abhängigen Spalten ausgeschieden werden. Da $\underline{B}(t)$ nach Voraussetzung im betrachteten Zeitintervall den Rang r hat, werden beispielsweise die ersten r Spalten dieser nxn Steuerbarkeitsmatrix durch die Spalten von $\underline{B}$ gebildet. Die auf diese Weise ausgewählten n Spalten werden nun
so umgestellt, daß die jeweils zu $\underline{b}_1$, $\underline{b}_2$, ... bzw. $\underline{b}_r$ zugehörigen Ausdrücke
zusammenstehen, d.h.

$$\underline{Q}_c(t) = [\underline{b}_1, L_A^*\underline{b}_1, \ldots, L_A^{*\tau_1-1}\underline{b}_1, \underline{b}_2, \ldots, L_A^{*\tau_2-1}\underline{b}_2, \ldots, L_A^{*\tau_r-1}\underline{b}_r] \qquad (5.4)$$

Die τ_i (i = 1,2,...,r) sind damit eindeutig bestimmt, wobei gilt

$$\sum_{i=1}^{r} \tau_i = n \qquad (5.5)$$

Für die folgenden Betrachtungen ist dabei entscheidend, daß sich die
Größen τ_i (i = 1,2,...,r) im betrachteten Zeitintervall $[t_o, t_1]$ nicht
ändern, d.h. daß die Struktur (5.4) erhalten bleibt. Die τ_i stimmen übrigens im allgemeinen nicht mit den Größen n_i in Kapitel 3 (beispielsweise
Gl. (3.2)) überein, da die n_i mit Hilfe der vollständigen Ketten, also
nach einem anderen Prinzip ermittelt werden. (Vgl. erster und zweiter
Plan in [9]).

Weiterhin ist für die nachfolgenden Untersuchungen die Einführung der
Ljapunov Transformation erforderlich [*)] [5]. Zu diesem Zweck wird die
Transformation ($\underline{T}^*(t)$ ist eine nxn Matrix)

$$\underline{z}(t) = \underline{T}^*(t)\,\underline{x}(t) \qquad (5.6)$$

betrachtet, die die folgenden Eigenschaften hat:

<u>Definition 5.1:</u>   Die Matrix $\underline{T}^*(t)$ wird als Ljapunov Transformation bezeich-
net, wenn

a) $\underline{T}^*(t)$ und $\dot{\underline{T}}^*(t)$ im Intervall $[t_o, t_1]$ stetig und beschränkt sind, und

---

[*)] Die in den folgenden Definitionen eingeführten Bezeichnungen werden
der Übersichtlichkeit wegen in dem gesamten Kapitel beibehalten,
obwohl diese Definitionen einen größeren Bereich von Lösungsmög-
lichkeiten als den hier behandelten zulassen.

b) $\underline{T}^*(t)$ für alle t im Intervall $[t_o,t_1]$ nichtsingulär ist,

   d.h. $0 < |\det \underline{T}^*(t)|$

Wendet man die Ljapunov Transformation $\underline{T}^*(t)$ in (5.6) auf das System

$$\underline{\dot{x}}(t) = \underline{\hat{A}}(t) \, \underline{x}(t) \qquad\qquad (5.7)$$

an, so ergibt sich nach (2.2c)

$$\underline{\dot{z}} = [\underline{T}^*(t) \, \underline{\hat{A}}(t) + \underline{\dot{T}}^*(t)]\underline{T}^{*-1}(t) \, \underline{z} \qquad\qquad (5.8)$$

Wenn nun eine Ljapunov Transformation $\underline{T}^*(t)$ in der Form gefunden werden kann, daß

$$[\underline{T}^*(t) \, \underline{\hat{A}}(t) + \underline{\dot{T}}^*(t)]\underline{T}^{*-1}(t) = \underline{Y} \qquad\qquad (5.9)$$

gilt, wobei $\underline{Y}$ eine konstante Matrix ist, so ist das zeitvariable System (5.7) auf das äquivalente System mit konstanten Koeffizienten

$$\underline{\dot{z}}(t) = \underline{Y} \, \underline{z}(t) \qquad\qquad (5.10)$$

transformierbar. [*]

Es gilt nun der folgende Satz [5]:

<u>Satz 5.1</u>   Wenn das zeitvariable System (5.7) durch eine Ljapunov Transformation $\underline{T}^*$ in das System (5.10) mit konstanten Koeffizienten überführbar ist, so ist das System (5.7) dann und nur dann stabil (asymptotisch stabil, instabil), wenn das System (5.10) stabil (asymptotisch stabil, instabil) ist.

Dieser Satz ist die Grundlage des in diesem Kapitel dargestellten Syntheseverfahrens, wobei sich das zeitvariable System (5.7) in diesem Fall aus dem Originalsystem (5.1) und einer geeignet gewählten Zustandsvektorrückführung zusammensetzt. Zunächst wird dabei das homogene System untersucht, später werden die Ergebnisse für die Regelung des Eingang-Ausgang-Verhaltens des Systems (5.1) benutzt.

---

[*] In [5] und [28] wird das System (5.7) in diesem Fall "reduzierbar" genannt. In der vorliegenden Arbeit wird dieser Begriff nur im Zusammenhang mit einer Erniedrigung der Systemordnung benutzt (Kapitel 2).

Das betrachtete homogene System ergibt sich aus dem System (5.1) durch die Zustandsvektorrückführung

$$\underline{u}(t) = \underline{F}(t)\,\underline{x}(t) \tag{5.11}$$

($\underline{F}$ ist eine rxn Matrix) und hat die Form

$$\underline{\dot{x}}(t) = [\underline{A}(t) + \underline{B}(t)\,\underline{F}(t)]\underline{x}(t) \tag{5.12}$$

Für dieses System (5.12) wird das folgende Hauptergebnis abgeleitet, das anschließend auch auf den inhomogenen Fall angewandt wird:

<u>Satz 5.2:</u> <u>Darstellung des Hauptergebnisses</u>

Wenn für alle t im betrachteten Zeitintervall

a) die Größen τ_i (i = 1,2,...,r) des Systems (5.1) sich nicht ändern,
    d.h. der Aufbau der Steuerbarkeitsmatrix (5.4) erhalten bleibt, und

b) die nxn Steuerbarkeitsmatrix $\underline{Q}_c(t)$ (Gl. (5.4)) nichtsingulär und
    beschränkt ist,

dann gibt es eine Matrix $\underline{F}(t) = \widetilde{\underline{F}}(t)$, so daß gilt

a) $\widetilde{\underline{F}}(t)$ ist definiert und beschränkt.

b) Die dynamische Matrix $[\underline{A}(t) + \underline{B}(t)\,\widetilde{\underline{F}}(t)]$ in (5.12) ist in eine
    äquivalente konstante Matrix $\underline{Y}$ transformierbar.

c) Die Eigenwerte von $\underline{Y}$ können willkürlich gewählt werden. Das be-
    deutet, daß z.B. eine asymptotische Stabilisierung des Systems
    (5.12) durch die Rückführung möglich ist.

Die Möglichkeit der asymptotischen Stabilisierung eines (gleichmäßig) steuerbaren Systems durch eine Zustandsvektorrückkopplung wurde auch in [29], und zwar vom Standpunkt der optimalen Regelung aus, gezeigt.

<u>5.2 Die Auslegung der Zustandsvektorrückführung</u>

Die Aufgabe dieses Abschnittes ist die Bestimmung einer geeigneten Zustandsvektorrückführung (5.11) für das System (5.1), die es ermöglichen soll, für das rückgekoppelte System (5.12) konstante und frei wählbare Eigenwerte zu erhalten. Zunächst wird dabei die Ableitung aus der allgemeinen Sicht geführt, später wird die Matrix $\widetilde{\underline{F}}(t)$ in der Zustandsvektorrückführung explizit angegeben.

Die inverse Matrix $\underline{Q}_c^{-1}(t)$ von $\underline{Q}_c(t)$ nach (5.4) habe die Form

$$\underline{Q}_c^{-1}(t) = \begin{bmatrix} \underline{e}_{11} \\ \underline{e}_{12} \\ \cdot \\ \cdot \\ \cdot \\ \underline{e}_{1\tau_1} \\ \underline{e}_{21} \\ \cdot \\ \cdot \\ \cdot \\ \underline{e}_{2\tau_2} \\ \cdot \\ \cdot \\ \cdot \\ \underline{e}_{r\tau_r} \end{bmatrix} \qquad (5.13)$$

Da für die folgende Betrachtung nur der τ_1-te, $(\tau_1+\tau_2)$te,..., $(\tau_1+...+\tau_r)$te Zeilenvektor von $\underline{Q}_c^{-1}$ von Bedeutung ist, werden diese Zeilenvektoren $\underline{e}_{i\tau_i}(t)$ auf vereinfachte Weise bezeichnet:

$$\underline{e}_i(t) = \underline{e}_{i\tau_i}(t) \qquad (i = 1,2,...,r) \qquad (5.14)$$

Nach (2.14) gilt für einen entsprechend auf $\underline{e}_i$ bezogenen Operator für $k = 0,1,...,\tau_i$

$$L_A^k \underline{e}_i = (L_A^{k-1}\underline{e}_i)\underline{A} + (L_A^{k-1}\underline{e}_i)^{\bullet}$$

mit

$$L_A^o \underline{e}_i = \underline{e}_i$$

$$\left. \right\} \quad (5.15)$$

Für jedes i ($i = 1,2,...,r$) soll nun gelten

$$z_i(t) = \underline{e}_i(t)\underline{x}(t) \qquad (5.16)$$

Mit dem Operator (5.15) folgt dann aus (5.1)

$$\dot{z}_i = (L_A\underline{e}_i)\underline{x}$$

$$\ddot{z}_i = (L_A^2\underline{e}_i)\underline{x}$$

$$\cdot$$
$$\cdot$$
$$\cdot$$

$$z_i^{(\tau_i-1)} = (L_A^{\tau_i-1}\underline{e}_i)\underline{x}$$

$$\left. \right\} \quad (5.17)$$

sowie

$$z_i^{(\tau_i)} = (L_A^{\tau_i} \underline{e}_i)\underline{x} + (L_A^{\tau_i-1} \underline{e}_i)\underline{B}\,\underline{u} \qquad\qquad (5.18)$$

Dabei ist benutzt worden, daß

$$(L_A^\nu \underline{e}_i)\underline{B} = \underline{0} \qquad\qquad \text{für} \quad 0 \leq \nu < \tau_i-1 \qquad\qquad (5.19)$$

gilt. Der Ausdruck $(L_A^{\tau_i-1} \underline{e}_i)\underline{B}$ ist ein r-dimensionaler Zeilenvektor der Form

$$(L_A^{\tau_i-1} \underline{e}_i)\underline{B} = [\,0\ \ldots\ 0\ \ 1\ \ x\ \ldots\ x\,] \qquad , \qquad\qquad (5.20)$$
$$\uparrow$$
$$\text{i-te Spalte}$$

wobei die letzten (r-i) Spalten (mit Kreuzen bezeichnet) eindeutig bestimmte Funktionen der Zeit sind. Diese Gesetzmäßigkeit wurde für den konstanten Fall erstmals in [9] angegeben und zur Bestimmung der phasenvariablen Form benutzt; der zeitvariable Fall ist in [28] behandelt. Die angegebenen Gleichungen erinnern an die in Abschnitt 4.1 abgeleiteten Beziehungen. Bei dieser Analogie sind jedoch die unterschiedlichen Definitionen der Größen τ_i und ρ_i in (5.4) bzw. (4.4) sowie die der Größen $\underline{e}_i$ und $\underline{c}_i$ in (5.13), (5.14) bzw. (4.3b) zu beachten.

Aus (5.20) folgt, daß in der rxr Matrix $\underline{P}^*(t)$

$$\underline{P}^*(t) = \begin{bmatrix} (L_A^{\tau_1-1} \underline{e}_1)\underline{B} \\ \vdots \\ (L_A^{\tau_i-1} \underline{e}_i)\underline{B} \\ \vdots \\ (L_A^{\tau_r-1} \underline{e}_r)\underline{B} \end{bmatrix} \qquad\qquad (5.21)$$

die Hauptdiagonale aus Einsen besteht und die Elemente unterhalb der Diagonale Nullen sind. $\underline{P}^*(t)$ ist daher nichtsingulär, und es gilt det $\underline{P}^*(t) = 1$.

Definiert man nun einen r-dimensionalen Spaltenvektor $\underline{w}(t)$ durch

$$\underline{w}(t) = \underline{P}^*(t)\underline{u}(t) \quad , \tag{5.22}$$

so ist

$$\underline{u}(t) = \underline{P}^{*^{-1}}(t)\underline{w}(t) \quad . \tag{5.23}$$

Setzt man (5.23) in (5.18) ein, so ergibt sich

$$\underline{z}_i^{(\tau_i)} = (L_A^{\tau_i}\underline{e}_i)\underline{x} + (L_A^{\tau_i-1}\underline{e}_i)\underline{B}\ \underline{P}^{*^{-1}}\ \underline{w} \tag{5.24}$$

Da $(L_A^{\tau_i-1}\underline{e}_i)\underline{B}$ die i-te Zeile von $\underline{P}^*$ darstellt, also

$$(L_A^{\tau_i-1}\underline{e}_i)\underline{B}\ \underline{P}^{*^{-1}} = [0\ \ldots\ 0\ \ 1\ \ 0\ \ldots\ 0] \tag{5.25}$$

$$\uparrow$$
$$\text{i-te Spalte}$$

ist, erhält man für (5.24) mit w_i als i-ter Zeile von $\underline{w}(t)$

$$z_i^{(\tau_i)} = (L_A^{\tau_i}\underline{e}_i)\underline{x} + w_i \tag{5.26}$$

w_i wird nun für $i = 1,2,\ldots,r$ folgendermaßen angesetzt:

$$w_i(t) = \sum_{\nu=0}^{\tau_i} a_{i,\nu+1}[L_A^\nu\underline{e}_i(t)]\underline{x}(t) \tag{5.27}$$

$$\text{mit } a_{i,\tau_i+1} = -1$$

Die Größen $a_{i,\nu+1}$ sind für $0 \le \nu \le \tau_i$ willkürlich wählbare Konstante. Das Einsetzen von (5.27) in (5.26) ergibt

$$z_i^{(\tau_i)} = \sum_{\nu=0}^{\tau_i-1} a_{i,\nu+1}[L_A^\nu\underline{e}_i]\underline{x} \tag{5.28}$$

oder mit (5.17)

$$z_i^{(\tau_i)} = a_{i,1}\,z_i + a_{i,2}\,\dot{z}_i + \ldots + a_{i,\tau_i}\,z_i^{(\tau_i-1)} \tag{5.29}$$

$$\text{für } i = 1,2,\ldots,r$$

Definiert man einen n-dimensionalen Vektor $\underline{z}(t)$ der Form

$$\underline{z}(t) = \begin{bmatrix} z_1 \\ \dot{z}_1 \\ \cdot \\ \cdot \\ z_1^{(\tau_1-1)} \\ z_2 \\ \cdot \\ \cdot \\ z_2^{(\tau_2-1)} \\ \cdot \\ \cdot \\ z_r^{(\tau_r-1)} \end{bmatrix} \qquad (5.30)$$

so ergibt sich für $i = 1,2,\ldots,r$ aus (5.29)

$$\dot{\underline{z}}(t) = \underline{Y}\,\underline{z}(t) \qquad (5.31)$$

Dabei ist $\underline{Y}$ eine __konstante__ nxn Matrix $\underline{Y}$, die aus r Untermatrizen $\underline{Y}_i$ der Dimension $\tau_i \times \tau_i$ besteht:

$$\underline{Y} = \begin{bmatrix} \underline{Y}_1 & \underline{0} & \cdots & \underline{0} \\ \underline{0} & \underline{Y}_2 & & \cdot \\ & & \cdot & \cdot \\ \underline{0} & \underline{0} & \cdots & \underline{Y}_r \end{bmatrix} \qquad (5.32)$$

mit $(i = 1,2,\ldots,r)$

$$\underline{Y}_i = \begin{bmatrix} 0 & 1 & 0 & \cdots & 0 \\ 0 & 0 & 1 & \cdots & 0 \\ \cdot & & & \cdot & \\ \cdot & & & & \cdot \\ 0 & 0 & 0 & & 1 \\ a_{i,1} & a_{i,2} & a_{i,3} & \cdots & a_{i,\tau_i} \end{bmatrix} \qquad (5.33)$$

Da das System (5.31) konstante Koeffizienten hat, können die Eigenwerte

in üblicher Weise bestimmt werden: Die Eigenwerte sind die Lösung des
Polynoms n-ter Ordnung in λ

$$\det(\lambda \, \underline{I}_n - \underline{Y}) = 0 \quad , \tag{5.34}$$

wobei $\underline{I}_n$ die nxn Einheitsmatrix ist. Aufgrund der Struktur (5.32) und
(5.33) des Systems sind die Eigenwerte der Untersysteme gleich den Eigenwerten des Gesamtsystems, wobei gilt

$$\det(\lambda \, \underline{I}_n - \underline{Y}) = \prod_{i=1}^{r} \det(\lambda \, \underline{I}_{\tau_i} - \underline{Y}_i) \tag{5.35}$$

Die τ_i Eigenwerte jedes Untersystems (i = 1,2,...,r) können durch eine
geeignete Wahl der Konstanten $a_{i,\nu+1}$ in (5.27) bzw. (5.29) festgelegt
werden.

In der vorhergehenden Ableitung wurde gezeigt, daß die Dynamik des Systems
(5.1) durch eine Zustandsvektorrückkopplung nach (5.23) in Verbindung mit
(5.27) in geeigneter Weise verändert werden kann. Im folgenden soll diese
Zustandsvektorrückkopplung in expliziter Form angegeben werden. Die i-te
Komponente des r-dimensionalen Vektors $\underline{w}(t)$ ist in (5.27) angegeben; für
den gesamten Vektor erhält man dann

$$\underline{w}(t) = \underline{R}^*(t)\underline{x}(t) \quad , \tag{5.36}$$

wobei

$$\underline{R}^*(t) = \begin{bmatrix} \displaystyle\sum_{\nu=0}^{\tau_1} a_{1,\nu+1} \, [L_A^\nu \underline{e}_1(t)] \\[2mm] \vdots \\[2mm] \displaystyle\sum_{\nu=0}^{\tau_i} a_{i,\nu+1} \, [L_A^\nu \underline{e}_i(t)] \\[2mm] \vdots \\[2mm] \displaystyle\sum_{\nu=0}^{\tau_r} a_{r,\nu+1} \, [L_A^\nu \underline{e}_r(t)] \end{bmatrix} \tag{5.37}$$

ist. Es gilt dabei $a_{i,\tau_i+1} = -1$ für $i = 1,2,\ldots,r$; die übrigen $a_{i,\nu+1}$ sind willkürlich wählbare Konstante. Mit (5.23) ergibt sich daraus die Gleichung der Zustandsvektorrückführung

$$\underline{u}(t) = \underline{P}^{*^{-1}}(t) \, \underline{R}^*(t)\underline{x}(t) \quad , \tag{5.38}$$

oder in Verbindung mit (5.11) die Matrix $\underline{F}(t) = \underline{\tilde{F}}(t)$ in der Rückkopplung

$$\underline{\tilde{F}}(t) = \underline{P}^{*^{-1}}(t) \, \underline{R}^*(t) \quad . \tag{5.39}$$

Mit (5.39) folgt aus (5.12)

$$\underline{\dot{x}}(t) = [\underline{A}(t) + \underline{B}(t) \, \underline{P}^{*^{-1}}(t) \, \underline{R}^*(t)]\underline{x}(t) \tag{5.40}$$

Die Gleichung (5.40) beschreibt das System, das durch die Zustandsvektorrückführung (5.38) aus dem System (5.1) entstanden ist. Diese Zustandsvektorrückführung ist so ausgelegt worden, daß das System (5.40) in ein äquivalentes System mit wählbaren, konstanten Koeffizienten transformiert werden kann. Das äquivalente System ist in (5.31), (5.32) und (5.33) dargestellt. Die Betrachtung der Stabilität anhand dieses äquivalenten Systems ist Gegenstand des nächsten Abschnittes.

5.3 Die Stabilitätsbetrachtung

Legt man die Gleichungen (5.16) und (5.17) für $i = 1,2,\ldots,r$ zugrunde, so folgt daraus für $\underline{z}(t)$ nach (5.30)

$$\underline{z}(t) = \underline{T}^*(t)\underline{x}(t) \tag{5.41}$$

mit der nxn Matrix $\underline{T}^*(t)$

$$\underline{T}^*(t) = \begin{bmatrix} \underline{e}_1 \\ L_A\underline{e}_1 \\ \vdots \\ L_A^{\tau_1-1}\underline{e}_1 \\ \underline{e}_2 \\ \vdots \\ L_A^{\tau_2-1}\underline{e}_2 \\ \vdots \\ L_A^{\tau_r-1}\underline{e}_r \end{bmatrix} \qquad\qquad (5.42)$$

Für diese Transformationsmatrix soll nun geprüft werden, ob sie die Bedingungen in der Definition der Ljapunov Transformation (Definition 5.1,
Abschnitt 5.1) erfüllt:

Bedingung a): $\underline{T}^*(t)$ ist beschränkt, da nach Voraussetzung b) in der Darstellung des Hauptergebnisses (Satz 5.2, Abschnitt 5.1) $\underline{Q}_c(t)$ (Gl. (5.4)) beschränkt ist. Da weiterhin vorausgesetzt wurde, daß $\underline{A}(t)$ und $\underline{B}(t)$ genügend oft differenzierbar und dabei beschränkt sind, ist auch $\dot{\underline{T}}^*(t)$
beschränkt.

Bedingung b): Multipliziert man $\underline{T}^*(t)$ mit $\underline{Q}_c(t)$ (Gl. (5.4)), so kann
gezeigt werden, daß

$$\left|\det[\underline{T}^*(t)\,\underline{Q}_c(t)]\right| = 1$$

ist. Da nun nach Voraussetzung b) in Satz 5.2

$$\left|\det \underline{Q}_c(t)\right| \leq p < \infty$$

für positive Konstante p ist, folgt aus

$$\left|\det[\underline{T}^*(t)\,\underline{Q}_c(t)]\right| = \left|\det \underline{T}^*(t)\right| \cdot \left|\det \underline{Q}_c(t)\right|$$

daß

$$\left|\det \underline{T}^*(t)\right| \geq \frac{1}{p}$$

ist und $\underline{T}^*(t)$ somit nichtsingulär ist.

Da $\underline{T}^*$ den Bedingungen a) und b) genügt, ist damit gezeigt, daß $\underline{T}^*$ eine Ljapunov Transformation darstellt. Damit besteht die Möglichkeit, das System (5.40)

$$\underline{\dot{x}}(t) = [\underline{A}(t) + \underline{B}(t)\,\underline{P}^{*-1}(t)\,\underline{R}^*(t)]\underline{x}(t) \tag{5.40}$$

durch die Ljapunov Transformation (5.42) mit

$$\underline{z}(t) = \underline{T}^*(t)\underline{x}(t) \tag{5.41}$$

in das äquivalente System mit konstanten Koeffizienten

$$\underline{\dot{z}}(t) = \underline{Y}\,\underline{z}(t) \tag{5.31}$$

mit der Struktur (5.32) und (5.33) zu transformieren. Nach (2.4) oder (5.9) gilt dabei

$$\underline{Y} = \left\{\underline{T}^*(t)[\underline{A}(t) + \underline{B}(t)\,\underline{P}^{*-1}(t)\,\underline{R}^*(t)] + \underline{\dot{T}}^*(t)\right\}\underline{T}^{*-1}(t) \tag{5.43}$$

Die Lösung der Gleichung (5.31) lautet

$$\underline{z}(t) = e^{\underline{Y}(t-t_0)}\,\underline{z}(t_0) \quad , \tag{5.44}$$

und entsprechend gilt für die Lösung der Differentialgleichung des äquivalenten zeitvariablen Systems (5.40)

$$\underline{x}(t) = \underline{T}^{*-1}(t)\,e^{\underline{Y}(t-t_0)}\,\underline{T}^*(t_0)\underline{x}(t_0) \tag{5.45}$$

mit der Transitionsmatrix $\underline{\Phi}(t,t_0)$

$$\underline{\Phi}(t,t_0) = \underline{T}^{*-1}(t)\,e^{\underline{Y}(t-t_0)}\,\underline{T}^*(t_0) \tag{5.46}$$

In der Rückführung $\underline{\widetilde{F}}(t)$ können die Konstanten $a_{i,\nu+1}$ der Matrix $\underline{R}^*(t)$ (Gl. (5.37)) so gewählt werden, daß die Eigenwerte von $\underline{Y}$ (Gln. (5.32), (5.33)) negative Realteile haben, so daß das System (5.31) asymptotisch stabil ist. Aus der Beschränktheit der Ljapunov Transformation folgt dann, daß das äquivalente zeitvariable System (5.40) auch asymptotisch stabil

ist. Und zwar gilt entsprechend zu dem Satz 5.1 in Abschnitt 5.1: Wenn
das zeitvariable System (5.40) durch eine Ljapunov Transformation in das
System (5.31) mit konstanten Koeffizienten überführbar ist, so ist das
System (5.40) dann und nur dann stabil (asymptotisch stabil, instabil),
wenn das System (5.31) stabil (asymptotisch stabil, bzw. instabil) ist.

5.4 Die Betrachtung des Eingang-Ausgang-Verhaltens

In diesem Abschnitt werden die Ergebnisse, die in den vorhergehenden Abschnitten für das homogene System abgeleitet wurden, für die Regelung des
Eingang-Ausgang-Verhaltens des Systems (5.1) angewandt.

Zu diesem Zweck wird das System

$$\dot{\underline{x}}(t) = \underline{A}(t)\,\underline{x}(t) + \underline{B}(t)\,\underline{u}(t) \tag{5.1a}$$

$$\underline{y}(t) = \underline{C}(t)\,\underline{x}(t) \tag{5.1b}$$

in Verbindung mit einer Zustandsvektorrückführung der Form

$$\underline{u}(t) = \underline{F}(t)\,\underline{x}(t) + \underline{v}(t) \tag{5.47}$$

betrachtet. Wie in (5.11) ist $\underline{F}(t)$ dabei eine rxn Matrix; $\underline{v}(t)$ ist ein
r-dimensionaler Spaltenvektor, der die neue Eingangsgröße des Systems ver-
körpert.

Wählt man die Matrix $\underline{F}(t)$ in der Rückführung nach (5.39) zu

$$\underline{F}(t) = \underline{\widetilde{F}}(t) = \underline{P}^{*^{-1}}(t)\,\underline{R}^{*}(t) \quad ,$$

so ergibt sich für die Beschreibung des Systems mit Zustandsvektorrückkopplung mit (5.1) und (5.47)

$$\dot{\underline{x}}(t) = [\underline{A}(t) + \underline{B}(t)\,\underline{P}^{*^{-1}}(t)\,\underline{R}^{*}(t)]\underline{x}(t) + \underline{B}(t)\,\underline{v}(t) \tag{5.48a}$$

$$\underline{y}(t) = \underline{C}(t)\,\underline{x}(t) \tag{5.48b}$$

Dieses System wird nun mit der Gleichung (5.41)

$$\underline{z}(t) = \underline{T}^*(t)\ \underline{x}(t) \tag{5.41}$$

transformiert, wobei in Abschnitt 5.3 gezeigt wurde, daß es sich bei $\underline{T}^*(t)$ um eine Ljapunov-Transformation handelt. Dann erhält man nach (2.2c) und (2.2d)

$$\underline{\dot{z}}(t) = \{\underline{T}^*(t)[\underline{A}(t) + \underline{B}(t)\underline{P}^{*^{-1}}(t)\underline{R}^*(t)] + \underline{\dot{T}}^*(t)\}\underline{T}^{*^{-1}}(t)\underline{z}(t) + \underline{T}^*(t)\underline{B}(t)\underline{v}(t) \tag{5.49a}$$

$$\underline{y}(t) = \underline{C}(t)\ \underline{T}^{*^{-1}}(t)\ \underline{z}(t) \tag{5.49b}$$

Für die Zustandsmatrix dieses Systems (5.49) gilt die folgende Beziehung, die in den Abschnitten 5.2 und 5.3 abgeleitet wurde (Gl. (5.43)):

$$\{\underline{T}^*(t)[\underline{A}(t) + \underline{B}(t)\ \underline{P}^{*^{-1}}(t)\ \underline{R}^*(t)] + \underline{\dot{T}}^*(t)\}\ \underline{T}^{*^{-1}}(t) = \underline{Y} \tag{5.50}$$

$\underline{Y}$ ist dabei konstant und hat eine kanonische Struktur, die in (5.32) und (5.33) dargestellt ist. Für die Eingangsmatrix $\underline{T}^*\underline{B}$ des Systems (5.49) wird die Gleichung

$$\underline{T}^*(t)\ \underline{B}(t) = \underline{D}\ \underline{P}^*(t) \tag{5.51}$$

aufgestellt, wobei $\underline{P}^*(t)$ in (5.21) gegeben ist und $\underline{D}$ als eine konstante nxr Matrix der folgenden Struktur angesetzt wird:

$$\underline{D} = \begin{bmatrix} 0 & 0 & 0 \\ \vdots & \vdots & \vdots \\ 0 & & \\ 1 & & \\ 0 & \vdots & \\ \vdots & 0 & \\ & 1 & \\ & 0 & \\ & \vdots & \\ & & 0 \\ 0 & 0 & 1 \end{bmatrix} \tag{5.52}$$

Die Eins steht in der ersten Spalte in der τ_1-ten Zeile, in der 2-ten Spalte in der $(\tau_1+\tau_2)$-ten Zeile usw. und in der r-ten Spalte in der n-ten Zeile. Für den Beweis der Beziehung (5.51) wird die Gleichung (5.42) benutzt; damit gilt für die linke Seite von (5.51)

$$\underline{T}^*(t)\underline{B}(t) = \begin{bmatrix} \underline{e}_1\,\underline{B} \\ \\ (L_A\underline{e}_1)\underline{B} \\ \cdot \\ \cdot \\ (L_A^{\tau_1-1}\underline{e}_1)\underline{B} \\ \cdot \\ \cdot \\ (L_A^{\tau_r-1}\underline{e}_r)\underline{B} \end{bmatrix} \tag{5.53}$$

Nach (5.19) ist in (5.53) nur die τ_1-te, $(\tau_1+\tau_2)$-te, usw. bis $(\tau_1+\ldots+\tau_r)$-te Zeile ungleich Null. Diese Zeilen sind aber gerade die Zeilen von $\underline{P}^*$ (Gl. (5.21)) so daß der Ansatz (5.51) richtig ist. Wie in (5.20) dargestellt ist, hat $\underline{P}^*(t)$ die Form einer Dreiecksmatrix, wobei die Hauptdiagonale mit Einsen besetzt ist und die Elemente unterhalb der Hauptdiagonale Nullen sind. Daraus folgt, daß die Eingangsmatrix $\underline{D}\,\underline{P}^*(t)$ des Systems (5.49) entsprechend zu $\underline{Y}$ einen kanonischen Aufbau hat:

$$\underline{D}\,\underline{P}^*(t) = \begin{bmatrix} 0 & 0 & & 0 \\ \cdot & & & \cdot \\ \cdot & & & \cdot \\ 0 & & & 0 \\ 1 & \times & \cdots & \times \\ 0 & 0 & & 0 \\ \cdot & & & \cdot \\ \cdot & & & \cdot \\ \cdot & & & \cdot \\ 0 & & & 0 \\ 1 & \times & \cdots & \times \\ 0 & & & 0 \\ \\ 0 & \cdots & 0 & 1 \end{bmatrix} = \begin{bmatrix} 0 \\ \cdot \\ \cdot \\ 0 \\ (L_A^{\tau_1-1}\underline{e}_1)\underline{B} \\ 0 \\ \cdot \\ \cdot \\ \cdot \\ 0 \\ (L_A^{\tau_2-1}\underline{e}_2)\underline{B} \\ 0 \\ \cdot \\ (L_A^{\tau_r-1}\underline{e}_r)\underline{B} \end{bmatrix} \tag{5.54}$$

Die besetzten Zeilen in (5.54) sind dabei die τ_1-te, $\tau_1+\tau_2$-te, usw. sowie die $(\tau_1+\ldots+\tau_r)$-te Zeile.

Mit (5.50) und (5.51) erhält man damit für das System (5.49)

$$\underline{\dot{z}}(t) = \underline{Y}\,\underline{z}(t) + \underline{D}\,\underline{P}^*(t)\,\underline{v}(t) \tag{5.55a}$$

$$\underline{y}(t) = \underline{C}(t)\,\underline{T}^{*^{-1}}(t)\,\underline{z}(t) \tag{5.55b}$$

Dieses System (5.55) ist dem System (5.48) äquivalent, da die Systeme durch die Transformation (5.41) miteinander verbunden sind. Das bedeutet, daß das Übertragungsverhalten des Systems (5.48) von dem Eingang $\underline{v}(t)$ zu dem Ausgang $\underline{y}(t)$ identisch ist mit dem entsprechenden Übertragungsverhalten des Systems (5.55), sofern für die Anfangsbedingungen gilt:

$$\underline{z}(t_o) = \underline{T}^*(t_o)\,\underline{x}(t_o) \tag{5.56}$$

Die beiden Systeme (5.48) und (5.55) sind in Bild 4 und Bild 5 dargestellt.

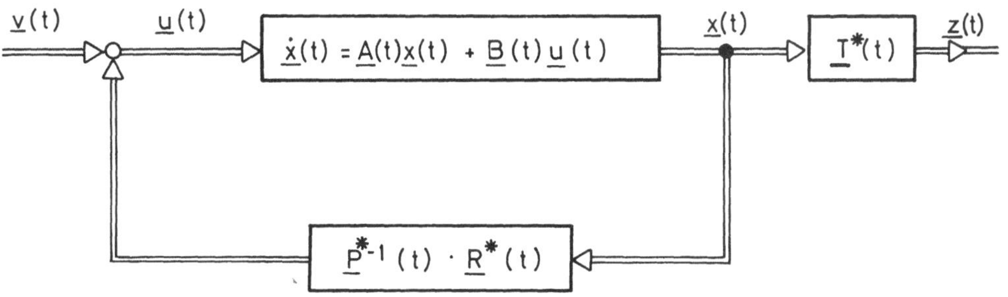

Bild 4   Durch eine Rückführung geregeltes Originalsystem

Bild 5 System mit identischem Übertragungsverhalten gegenüber dem System in Bild 4

Damit ist das Folgende erzielt worden:

Das Originalsystem (5.1) wird durch eine Zustandsvektor-Rückführung (5.47) geregelt, wobei die Matrix $\underline{F}(t)$ der Rückführung entsprechend zu den Ergebnissen in den Abschnitten 5.2 und 5.3 gleich $\underline{\widetilde{F}}(t) = \underline{P}^{*-1}(t)\,\underline{R}^*(t)$ (Gl. (5.39)) gewählt wird. Daraus ergibt sich das System (5.49). Dieses System ist durch die Ljapunov Transformation $\underline{T}^*$ (Gl. (5.42)) mit dem System (5.55) verbunden, d.h. die Systeme (5.48) und (5.55) sind äquivalent und haben bei entsprechenden Anfangsbedingungen ein identisches Übertragungsverhalten vom Eingang $\underline{v}$ zum Ausgang $\underline{y}$. Die Zustandsmatrix $\underline{Y}$ und die Eingangsmatrix $\underline{D}\,\underline{P}^*(t)$ des äquivalenten Systems (5.55) haben eine phasenvariable kanonische Struktur, die in (5.32) und (5.33) sowie in (5.52) und (5.21) bzw. (5.54) angegeben ist; die Matrizen $\underline{Y}$ und $\underline{D}$ sind dabei konstant. Während $\underline{Y}$ und $\underline{D}\,\underline{P}^*(t)$ unmittelbar aus den angegebenen Gleichungen zu entnehmen sind, wird die Ausgangsmatrix des System (5.55) entsprechend zu der Beziehung (5.55b) über die Transformationsmatrix $\underline{T}^*(t)$ errechnet. Da die Systeme (5.48) und (5.55) ein identisches Übertragungsverhalten haben, kann der Entwurf des in dem praktischen Fall vorliegenden Systems (5.48) anhand des äquivalenten Systems (5.55) durchgeführt werden. Alle Eigenwerte der Zustandsmatrix $\underline{Y}$ des Systems (5.55) sind dabei konstant und willkürlich wählbar; die Wahl der Eigenwerte erfolgt über die Koeffizienten $a_{i,\nu+1}$ ($\nu = 0,1,\ldots,\tau_i$; $i = 1,2,\ldots,r$) in der Matrix $\underline{R}^*(t)$ (Gl. (5.37)) in der Rückführung (5.38). Gleichzeitig ist auch die Stabilitätsfrage für den Systementwurf gelöst: In dem Abschnitt 5.3 wurde gezeigt, daß die homogenen Systeme (5.40) und (5.31), die durch eine Ljapunov Transformation verbunden sind, asymptotisch stabil sind, wenn die Eigenwerte von $\underline{Y}$ in dem System (5.31) negative Realteile haben. Aus der (gleichmäßigen) asymptotischen Stabilität dieser homogenen Systeme kann auf die Stabilität mit beschränkter Eingangs- und Ausgangsgröße (bounded input - bounded output stability) der entsprechenden inhomogenen Systeme (5.48) bzw. (5.55) geschlossen werden [30], [5].

Wenn das äquivalente System der Form (5.55) so entworfen werden soll, daß das homogene System ein vorgegebenes zeitvariables Verhalten hat, d.h. wenn die Zustandsmatrix $\underline{Y}$ beliebig wählbare, zeitvariable Koeffizienten enthalten soll, so kann das angegebene Entwurfsverfahren in entsprechender Weise modifiziert werden. In diesem Fall müssen die konstanten Koeffizienten $a_{i,\nu+1}$ der Matrix $\underline{R}^*(t)$ (Gl. (5.37)) in der Rückführung (5.38) durch die zeitvariablen Koeffizienten $\alpha_{i,\nu+1}(t)$ ersetzt werden, d.h.

$$\bar{R}^*(t) = \begin{bmatrix} \displaystyle\sum_{\nu=0}^{\tau_1} \alpha_{1,\nu+1}(t) \, [L_A^\nu \underline{e}_1(t)] \\ \vdots \\ \displaystyle\sum_{\nu=0}^{\tau_i} \alpha_{i,\nu+1}(t) \, [L_A^\nu \underline{e}_i(t)] \\ \vdots \\ \displaystyle\sum_{\nu=0}^{\tau_r} \alpha_{r,\nu+1}(t) \, [L_A^\nu \underline{e}_r(t)] \end{bmatrix} \qquad (5.57)$$

Für die Zustandsvektorrückführung ergibt sich dann entsprechend zu (5.39)

$$\underline{F}(t) = \bar{\underline{F}}(t) = \underline{P}^{*-1}(t) \, \bar{\underline{R}}^*(t) \qquad . \qquad (5.58)$$

Benutzt man diese Matrix $\bar{\underline{R}}^*$ in dem System (5.48) anstelle von $\underline{R}^*$, so erhält man mit der Ljapunov Transformation $\underline{T}^*(t)$ (Gl. (5.42)) das äquivalente System (die entsprechende Gleichung ist (5.55))

$$\underline{\dot{z}}(t) = \bar{\underline{Y}}(t) \, \underline{z}(t) + \underline{D} \, \underline{P}^*(t) \, \underline{v}(t) \qquad (5.59)$$

mit der nxn Matrix

$$\bar{\underline{Y}}(t) = \begin{bmatrix} \bar{\underline{Y}}_1(t) & \underline{0} & & \underline{0} \\ \underline{0} & \bar{\underline{Y}}_2(t) & & \\ & & \ddots & \\ \underline{0} & \underline{0} & & \bar{\underline{Y}}_r(t) \end{bmatrix} \qquad (5.60)$$

und den $\tau_i \times \tau_i$ Untermatrizen $(i = 1,2,\ldots,r)$ der Form

$$\bar{\underline{Y}}_i(t) = \begin{bmatrix} 0 & 1 & 0 & \cdots & 0 \\ 0 & 0 & 1 & \cdots & 0 \\ \vdots & & & \ddots & \\ 0 & 0 & 0 & & 1 \\ \alpha_{i,1} & \alpha_{i,2} & \alpha_{i,3} & \cdots & \alpha_{i,\tau_i} \end{bmatrix} \qquad (5.61)$$

wobei $\alpha_{i,j} = \alpha_{i,j}(t)$ ist.

Die Eingangsmatrix $\underline{D}\ \underline{P}^*(t)$ des Systems (5.59) bleibt gegenüber dem System
(5.55) unverändert, und zwar ist $\underline{D}$ in (5.52) und $\underline{P}^*(t)$ in (5.21) bzw.
$\underline{D}\ \underline{P}^*(t)$ in (5.54) angegeben.

Die Stabilitätsaussagen, die in Abschnitt 5.3 abgeleitet wurden, treffen
nicht für das System (5.59) bzw. entsprechend für das System (5.48) mit
$\underline{\overline{R}}^*(t)$ zu, wenngleich auch in diesem Fall $\underline{T}^*(t)$ eine Ljapunov Transformation ist. Der Grund liegt darin, daß das in Abschnitt 5.3 betrachtete äqui-
valente System (5.31) ebenso wie das zugehörige inhomogene System (5.55)
konstante Eigenwerte hat, so daß Stabilitätsaussagen durch den Vergleich
mit einem System mit konstanten Koeffizienten gemacht werden konnten. Im
Gegensatz dazu ist die Zustandsmatrix des Systems (5.59) zeitvariabel, so
daß keine globale Aussage über die Stabilität möglich ist.

5.5 Ein Systementwurf

Es wird das folgende System betrachtet:

$$\underline{\dot{x}} = \begin{bmatrix} 1 & 0 & 2 \\ e^t & 1 & 1 \\ 2 & 0 & 2 \end{bmatrix} \underline{x} + \begin{bmatrix} 0 & -1 \\ 1 & e^t \\ 0 & 1 \end{bmatrix} \underline{u} \tag{5.62a}$$

$$\underline{y} = \begin{bmatrix} 1 & 0 & 1 \\ 0 & 1 & 0 \end{bmatrix} \underline{x} \tag{5.62b}$$

Die Aufgabe besteht darin, zunächst für den Systemteil (5.62a) eine
Zustandsvektorrückführung der Art zu entwerfen, daß das entstehende homo-
gene System asymptotisch stabil ist. Anschließend soll die Regelung des
Eingang-Ausgang-Verhaltens des gesamten Systems (5.62) durchgeführt werden.

Zunächst werden die Größen τ_1 und τ_2 nach dem Gleichung (5.4) zugrunde
liegenden Plan bestimmt: Bei dem System (5.62) ist

$$\underline{b}_1 = \begin{bmatrix} 0 \\ 1 \\ 0 \end{bmatrix} \qquad \text{und} \qquad L_A^*\underline{b}_1 = \begin{bmatrix} 0 \\ 1 \\ 0 \end{bmatrix}$$

$L_A^*\underline{b}_1$ ist linear abhängig von $\underline{b}_1$, so daß

$$\tau_1 = 1 \tag{5.63}$$

ist. Weiterhin ist

$$\underline{b}_2 = \begin{bmatrix} -1 \\ e^t \\ 1 \end{bmatrix} \qquad \text{und} \qquad L_A^*\underline{b}_2 = \begin{bmatrix} 1 \\ 1 \\ 0 \end{bmatrix} \quad ,$$

so daß gilt

$$\tau_2 = 2 \tag{5.64}$$

Für die 3x3 Steuerbarkeitsmatrix mit der Struktur (5.4) erhält man damit

$$\underline{Q}_c(t) = [\underline{b}_1, \underline{b}_2, L_A\underline{b}_2]$$

bzw.

$$\underline{Q}_c(t) = \begin{bmatrix} 0 & -1 & 1 \\ 1 & e^t & 1 \\ 0 & 1 & 0 \end{bmatrix} \tag{5.65}$$

Die Determinante von $\underline{Q}_c(t)$ hat den Wert

$$\det \underline{Q}_c = 1 \quad ,$$

d.h. das betrachtete System (5.62) ist für alle Zeiten t gleichmäßig steuerbar.

Für die Inverse von $\underline{Q}_c$ errechnet sich

$$\underline{Q}_c^{-1}(t) = \begin{bmatrix} -1 & 1 & -e^t-1 \\ 0 & 0 & 1 \\ 1 & 0 & 1 \end{bmatrix} \tag{5.66}$$

Entsprechend zu (5.13) und (5.14) wird die τ_1-te und die $(\tau_1+\tau_2)$-te Zeile, d.h. nach (5.63) und (5.64) die 1-te und 3-te Zeile von $\underline{Q}_c^{-1}$ mit $\underline{e}_1$ und $\underline{e}_2$ bezeichnet:

$$\left. \begin{aligned} \underline{e}_1 &= [-1 \ , \ 1 \ , \ -e^t-1] \\[2ex] \underline{e}_2 &= [1 \ , \ 0 \ , \ 1 \ ] \end{aligned} \right\} \tag{5.67}$$

Für $\underline{P}^*(t)$ nach (5.21) erhält man damit

$$\underline{P}^*(t) = \begin{bmatrix} \underline{e}_1\underline{B} \\ (L_A\underline{e}_2)\underline{B} \end{bmatrix} = \begin{bmatrix} 1 & 0 \\ 0 & 1 \end{bmatrix} \tag{5.68}$$

Die Matrix $\underline{R}^*(t)$ in (5.37) hat in diesem Fall die Form

$$\underline{R}^*(t) = \begin{bmatrix} a_{11} \ \underline{e}_1 - L_A\underline{e}_1 \\ a_{21} \ \underline{e}_2 + a_{22} \ L_A\underline{e}_2 - L_A^2\underline{e}_2 \end{bmatrix} \tag{5.69}$$

bzw. mit (5.67)

$$\underline{R}^*(t) = \begin{bmatrix} -a_{11}+3+e^t & a_{11}-1 & -a_{11}(1+e^t)+3+3e^t \\ a_{21}+3a_{22}-11 & 0 & a_{21}+4a_{22}-14 \end{bmatrix} \tag{5.70}$$

Für die gesuchte Matrix $\underline{\tilde{F}}(t)$ in der Zustandsvektorrückführung ergibt sich dann mit (5.68) und (5.70) nach (5.39)

$$\widetilde{\underline{F}}(t) = \begin{bmatrix} -a_{11}+3+e^t & a_{11}-1 & -a_{11}(1+e^t)+3+3e^t \\ \\ a_{21}+3a_{22}-11 & 0 & a_{21}+4a_{22}-14 \end{bmatrix} \qquad (5.71)$$

Wenn man das System (5.62) in Verbindung mit dieser Zustandsvektorrückführung betrachtet, so errechnet sich für das rückgekoppelte System nach (5.40)

$$\underline{\dot{x}} = \begin{bmatrix} -a_{21}-3a_{22}+12 & 0 & -a_{21}-4a_{22}+16 \\ \\ e^t(a_{21}+3a_{22}-9)-a_{11}+3 & a_{11} & (-a_{11}+a_{21}+4a_{22}-11)e^t-a_{11}+4 \\ \\ a_{21}+3a_{22}-9 & 0 & a_{21}+4a_{22}-12 \end{bmatrix} \underline{x} \qquad (5.72)$$

Für die Ljapunov Transformation $\underline{T}^*(t)$ erhält man nach (5.42)

$$\underline{T}^*(t) = \begin{bmatrix} \underline{e}_1 \\ \\ \underline{e}_2 \\ \\ L_A\underline{e}_2 \end{bmatrix} = \begin{bmatrix} -1 & 1 & -e^t-1 \\ \\ 1 & 0 & 1 \\ \\ 3 & 0 & 4 \end{bmatrix} \qquad (5.73)$$

Würde man das System (5.72) gemäß (2.4) mit der Transformationsmatrix $\underline{T}^*$ in (5.73) transformieren, so erhielte man das System mit konstanten Koeffizienten

$$\underline{\dot{z}} = \left[\begin{array}{c|cc} a_{11} & 0 & 0 \\ \hline 0 & 0 & 1 \\ 0 & a_{21} & a_{22} \end{array} \right] \underline{z} \qquad (5.74)$$

Die Durchführung der Transformation ist jedoch nicht erforderlich, da das gesuchte äquivalente System (5.74) sofort den Gleichungen (5.31), (5.32) und (5.33) zu entnehmen ist.

Das zugrunde gelegte System (5.62) wird nun durch die Zustandsvektorrückkopplung mit (5.71) dann und nur dann asymptotisch stabilisiert, wenn die

Eigenwerte des äquivalenten Systems (5.74) konstant sind und negative Realteile haben. Für die Eigenwerte gilt dabei nach (5.35)

$$\det(\lambda\,\underline{I}_3 - \underline{Y}) = (\lambda - a_{11})(\lambda^2 - \lambda\,a_{22} - a_{21}) = 0$$

bzw.

$$\lambda_1 = a_{11} \qquad \lambda_{2,3} = \frac{a_{22}}{2} \pm \sqrt{\left(\frac{a_{22}}{2}\right)^2 + a_{21}} \qquad\qquad (5.75)$$

Die gewünschten Werte a_{11}, a_{21} und a_{22} können in der Matrix $\underline{R}^*(t)$ in (5.70)
eingestellt werden. Die Gleichung (5.72) beschreibt das stabilisierte homo-
gene System.

Um nun die Regelung des Eingang-Ausgang-Verhaltens des gegebenen Systems
(5.62) durchzuführen, wird eine Zustandsvektorrückführung der Form (5.47)
benutzt, wobei die Matrix $\underline{F}(t)$ in der Rückführung gleich der errechneten
Matrix $\underline{\tilde{F}}(t)$ in (5.71) gesetzt wird. Damit ergibt sich entsprechend zu dem
System (5.48) für das System mit Rückführung

$$\underline{\dot{x}} = \begin{bmatrix} -a_{21}-3a_{22}+12 & 0 & -a_{21}-4a_{22}+16 \\ e^t(a_{21}+3a_{22}-9)-a_{11}+3 & a_{11} & e^t(-a_{11}+a_{21}+4a_{22}-11)-a_{11}+4 \\ a_{21}+3a_{22}-9 & 0 & a_{21}+4a_{22}-12 \end{bmatrix}\underline{x} + \begin{bmatrix} 0 & -1 \\ 1 & e^t \\ 0 & 1 \end{bmatrix}\underline{v}$$

$$(5.76a)$$

$$\underline{y} = \begin{bmatrix} 1 & 0 & 1 \\ 0 & 1 & 0 \end{bmatrix}\underline{x} \qquad\qquad (5.76b)$$

Das zu diesem System äquivalente kanonische System erhält man nach Gleichung
(5.55): Die Eingangsmatrix $\underline{D}\,\underline{P}^*$ errechnet sich aus $\underline{D}$ nach (5.52)

$$\underline{D} = \begin{bmatrix} 1 & 0 \\ 0 & 0 \\ 0 & 1 \end{bmatrix} \qquad\qquad (5.77)$$

und aus $\underline{P}^*$ in (5.68) oder direkt nach Gleichung (5.54).

Die Zustandsmatrix $\underline{Y}$ folgt aus (5.32) und (5.33) und hat die gleiche Form wie bei dem homogenen System (5.74). Die Ausgangsmatrix $\underline{C}\,\underline{T}^{*-1}$ ergibt sich über die Transformationsmatrix $\underline{T}^*(t)$, die in (5.73) angegeben ist. Damit erhält man

$$\underline{\dot{z}} = \begin{bmatrix} a_{11} & 0 & 0 \\ 0 & 0 & 1 \\ 0 & a_{21} & a_{22} \end{bmatrix} \underline{z} + \begin{bmatrix} 1 & 0 \\ 0 & 0 \\ 0 & 1 \end{bmatrix} \underline{v} \tag{5.78a}$$

$$\underline{y} = \begin{bmatrix} 0 & 1 & 0 \\ 1 & -3e^t+1 & e^t \end{bmatrix} \underline{z} \tag{5.78b}$$

Die beiden Systeme (5.76) und (5.78) sind durch die Transformation $\underline{T}^*(t)$ (Gl.(5.73)) miteinander verbunden und haben bei entsprechenden Anfangsbedingungen (Gl. (5.56)) vom Eingang $\underline{v}(t)$ zum Ausgang $\underline{y}(t)$ ein identisches Übertragungsverhalten, so daß die Auslegung des Übertragungsverhaltens anhand des kanonischen Systems (5.78) vorgenommen werden kann. Wie bereits bei dem zugehörigen homogenen System dargestellt wurde, sind die Parameter a_{11}, a_{21} und a_{22} in der Zustandsmatrix des Systems (5.78) konstant und frei wählbar. Diese Parameter können über die Matrix $\underline{R}^*(t)$ (Gl. (5.70)) in der Rückführung eingestellt werden. Die Eigenwerte des Systems errechnen sich nach den Beziehungen (5.75).

Wenn die Parameter a_{11}, a_{21} und a_{22} so gewählt werden, daß die Eigenwerte λ_1, λ_2 und λ_3 negative Realteile haben, so ist das zu (5.78) zugehörige homogene System (5.74) ebenso wie das homogene System (5.72) asymptotisch stabil. Aus der (gleichmäßigen) asymptotischen Stabilität der homogenen Systeme kann zugleich auf die Stabilität der inhomogenen System (5.76) und (5.78) in dem Sinne geschlossen werden, daß eine beschränkte Eingangsgröße eine beschränkte Ausgangsgröße erzeugt. Das bedeutet, daß das in dem praktischen Fall vorliegende System (5.76) ebenso wie das äquivalente System (5.78) bei der Wahl von negativen Realteilen in den Eigenwerten λ_1, λ_2 und λ_3 in dem erwähnten Sinne stabil ist.

6. Die Schätzung des Zustandsvektors (Beobachter)

In den beiden vorhergehenden Kapiteln wurde die Entkopplung von Mehrgrößensystemen und der Entwurf von Systemen mit Zustandsvektorrückführung behandelt. Diese Probleme, um nur zwei Beispiele anzuführen, erfordern die Kenntnis des Zustandsvektors. Der Zustandsvektor wird nicht in allen praktischen Fällen unmittelbar verfügbar sein, so daß eine Schätzung durch einen Beobachter durchgeführt werden muß. Dieses Problem wurde in [26], [31], [32] und [33] für Systeme mit konstanten Koeffizienten behandelt. Die Schätzung des Zustandsvektors für zeitvariable Systeme wurde in [34] durchgeführt und soll in diesem Kapitel auf der Grundlage dieser Arbeit dargestellt werden, wobei u.a. die prinzipiellen Überlegungen von [33] berücksichtigt werden. Für den Systemaufbau werden dabei die in [14] angegebenen, vereinfachten kanonischen Formen benutzt. Im folgenden wird die Zustandsschätzung nur bei deterministischen Systemen untersucht; in dem entsprechenden stochastischen Fall sind anstelle von Beobachtern lineare Filter erforderlich. (Eine grundlegende Arbeit in der linearen Filtertheorie ist beispielsweise [35].)

6.1 Der prinzipielle Aufbau eines Beobachters

Es wird ein System der Form

$$\underline{\dot{x}}(t) = \underline{A}(t)\,\underline{x}(t) + \underline{B}(t)\,\underline{u}(t) \tag{6.1a}$$

$$\underline{y}(t) = \underline{C}(t)\,\underline{x}(t) \tag{6.1b}$$

betrachtet. Dabei ist $\underline{x}$ der n-dimensionale Zustandsvektor, $\underline{u}$ der r-dimensionale Eingangsvektor und $\underline{y}$ der s-dimensionale Ausgangsvektor (s<n), die Matrizen $\underline{A}(t)$, $\underline{B}(t)$ und $\underline{C}(t)$ haben die Dimension nxn, nxr bzw. sxn. Es wird angenommen, daß die Matrix $\underline{C}(t)$ den Rang s hat, d.h. die Komponenten des Ausgangs $\underline{y}(t)$ voneinander unabhängig sind. Weiterhin wird vorausgesetzt, daß das System gleichmäßig beobachtbar ist.

Die Aufgabe besteht darin, den Zustandsvektor $\underline{x}(t)$ des Systems (6.1), der nicht direkt meßbar sei, aus der Kenntnis aller übrigen Systemgrößen ($\underline{A}(t)$, $\underline{B}(t)$, $\underline{C}(t)$, $\underline{u}(t)$ und $\underline{y}(t)$) zu bestimmen.

Zu diesem Zweck wird dem System (6.1) ein sogenannter Beobachter der Form

$$\dot{\underline{q}}(t) = \underline{M}(t)\ \underline{q}(t) + \underline{N}(t)\ \underline{y}(t) + \underline{S}(t)\ \underline{B}(t)\ \underline{u}(t) \qquad (6.2a)$$

$$\hat{\underline{x}}(t) = \underline{S}^{-1}(t)\ \underline{q}(t) \qquad (6.2b)$$

nachgeschaltet, wobei das physikalische System (6.1) sowohl durch den Eingang
wie durch den Ausgang mit dem Beobachter verbunden ist (Bild 6). Bei der hier
durchgeführten prinzipiellen Behandlung wird die Ordnung des Beobachters
gleich der Ordnung des Systems (6.1), also gleich n, gesetzt. Für die Bezeichnungen in (6.2) gilt damit: Der Vektor $\underline{q}(t)$ ist der n-dimensionale Zustandsvektor. Die beiden Eingangsvektoren $\underline{y}(t)$ und $\underline{u}(t)$ haben die Dimension s
bzw. r und sind gleich dem Ausgang bzw. Eingang des Systems (6.1). Der Ausgang
$\hat{\underline{x}}(t)$ des Beobachters stellt den n-dimensionalen Schätzwert des nicht meßbaren
Zustandsvektors $\underline{x}(t)$ dar. Die Matrizen $\underline{M}(t)$, $\underline{N}(t)$ und $\underline{S}(t)$ haben die Dimension nxn, nxs,bzw. nxn, wobei in dem betrachteten Zeitraum $\underline{S}(t)$ als nichtsin-
guläre Matrix angenomen wird, die ebenso wie $\dot{\underline{S}}(t)$ beschränkt und stetig sei.

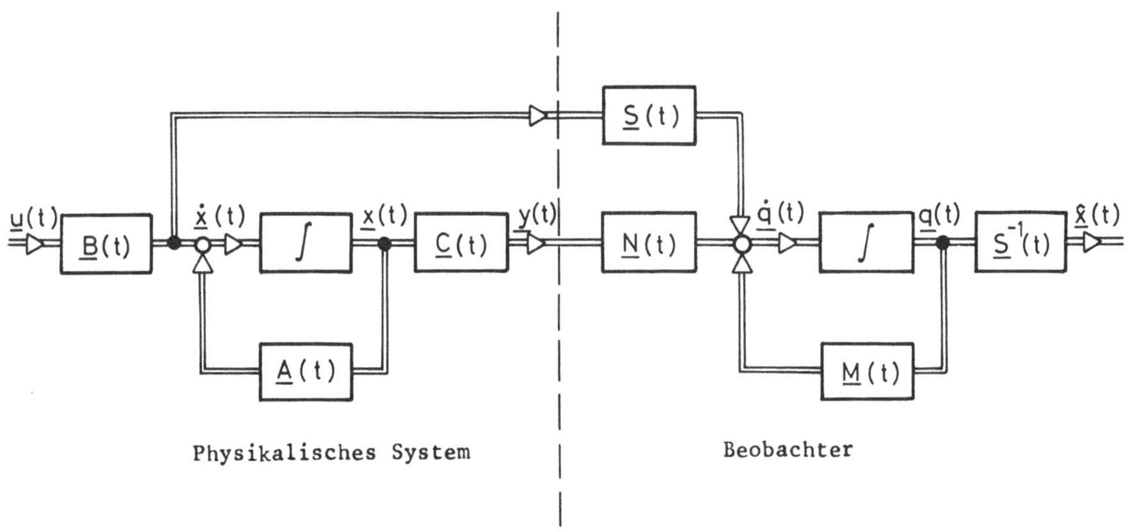

Bild 6   Der Beobachter in allgemeiner Form

Nach (6.2b) besteht zwischen dem Zustand $\underline{q}(t)$ des Beobachters und dem Schätzwert $\underline{\hat{x}}(t)$ des Zustandes des physikalischen Systems die lineare Transformation

$$\underline{q}(t) = \underline{S}(t)\,\underline{\hat{x}}(t) \tag{6.3}$$

Durch eine Differentiation bezüglich der Zeit ergibt sich

$$\underline{\dot{q}} = \underline{\dot{S}}\,\underline{\hat{x}} + \underline{S}\,\underline{\dot{\hat{x}}} \tag{6.4}$$

$\underline{\dot{q}}$ ist außerdem durch die Zustandsgleichung (6.2a) des Beobachters gegeben, aus der sich mit (6.3) und (6.1b)

$$\underline{\dot{q}} = \underline{M}\,\underline{S}\,\underline{\hat{x}} + \underline{N}\,\underline{C}\,\underline{x} + \underline{S}\,\underline{B}\,\underline{u} \tag{6.5}$$

errechnet.

Legt man nun den angestrebten stationären Fall, d.h.

$$\underline{\hat{x}} = \underline{x} \tag{6.6}$$

zugrunde, so erhält man mit (6.1a) für die rechte Seite von (6.4)

$$\underline{\dot{q}} = (\underline{\dot{S}} + \underline{S}\,\underline{A})\underline{x} + \underline{S}\,\underline{B}\,\underline{u} \tag{6.7}$$

Nach (6.5) und (6.7) gilt für den stationären Fall (6.6)

$$(\underline{M}\,\underline{S} + \underline{N}\,\underline{C})\underline{x} + \underline{S}\,\underline{B}\,\underline{u} = (\underline{\dot{S}} + \underline{S}\,\underline{A})\underline{x} + \underline{S}\,\underline{B}\,\underline{u} \tag{6.8}$$

bzw.

$$\underline{\dot{S}}(t) = \underline{M}(t)\,\underline{S}(t) - \underline{S}(t)\,\underline{A}(t) + \underline{N}(t)\,\underline{C}(t) \tag{6.9}$$

Die Gleichung (6.9) stellt damit die Bedingung dar, der die Matrizen $\underline{M}(t)$, $\underline{N}(t)$ und $\underline{S}(t)$ des Beobachters genügen müssen. Dieselbe Bedingung ergibt sich in dem entsprechenden homogenen Fall, d.h. wenn die Schätzung des Zustandsvektors bei dem zu (6.1) gehörigen homogenen System durchgeführt werden soll. Dieses Ergebnis erhält man unmittelbar, wenn man in den Gleichungen (6.5) und (6.7) $\underline{u}(t)$ gleich Null setzt. Der Beobachter für das homogene System hat bis auf das Fehlen des Ausdruckes $\underline{S}(t)\underline{B}(t)\underline{u}(t)$ dieselbe Form wie in dem behandelten inhomogenen Fall.

Der (6.9) zugrunde gelegte, stationäre Fall $\hat{\underline{x}} = \underline{x}$ ist erst gegeben, wenn der
Fehler zwischen dem Schätzwert $\hat{\underline{x}}$ und dem tatsächlichen Zustand $\underline{x}$ des Systems
abgeklungen ist. Dieser Vorgang hängt von der Dynamik des Beobachters, d.h.
von den Elementen der Matrix $\underline{M}(t)$, ab. Dieser Zustand $\hat{\underline{x}} = \underline{x}$ kann jedoch auch
unmittelbar für $t \geq t_o$ erzielt werden, wenn die Anfangsbedingungen $\underline{x}(t_o)$ bekannt
sind, so daß die Anfangsbedingungen $\underline{q}(t_o)$ des Beobachters gleich

$$\underline{q}(t_o) = \underline{S}(t_o)\,\underline{x}(t_o) \tag{6.10}$$

gesetzt werden können.

Die Konstruktion eines Beobachters beruht <u>im Prinzip</u> auf der Lösung der Matri-
zengleichung (6.9). Dabei ist es nicht notwendig, daß die Zustandsmatrizen $\underline{A}(t)$
und $\underline{M}(t)$ die gleiche Dimension haben. Es muß jedoch gewährleistet sein, daß
die Matrix $\underline{S}(t)$, die in diesem Fall $\underline{S}^*(t)$ genannt werden soll, einen genügen-
den Rang hat, um die nicht meßbaren Zustandsvariablen zu ermitteln. Die übrigen
Zustandsvariablen sind in diesem Fall direkt durch entsprechende Komponenten
der Ausgangsgröße des physikalischen Systems gegeben. Wenn die Matrix $\underline{C}(t)$
den Rang s hat, so ist auf diese Weise für den Beobachter nur die Gesamtord-
nung n-s erforderlich. Die nxn Matrix $\underline{S}(t)$, durch deren Inversion (Gl. (6.2b)
und Bild 6) der Schätzwert $\hat{\underline{x}}$ ermittelt wird, setzt sich dabei aus $\underline{S}^*(t)$ und
einer Matrix zusammen, die den direkt gegebenen Zustandsvariablen entspricht.

6.2   Der exponentielle Beobachter

Als Grundlage zu dem Aufbau eines Beobachters wird die Darstellung des Systems
(6.1) in der äquivalenten Beobachtungsnormalform II. Art (3.73), benutzt, die
in Abschnitt 3.4 beschrieben ist. In der Beobachtungsnormalform II. Art ist
das Mehrgrößensystem in s Untersysteme mit einer skalaren Ausgangsgröße aufge-
gliedert (s ist die Dimension des Ausgangsvektors), wobei die Kopplungen zwischen den Untersystemen nur durch die Ausgangsgrößen anderer Untersysteme erfolgt. Die Form eines solchen Untersystems hat das im folgenden zugrunde gelegte System (6.11); die Kopplungen werden dabei nicht berücksichtigt, da sie als
zusätzlicher externer Eingang behandelt werden können. Für jedes dieser Untersysteme wird getrennt ein Beobachter aufgebaut, der in der dargestellten Form
als exponentiell bezeichnet wird, da der Fehler zwischen Schätzwert und tatsächlichem Systemzustand exponentiell abklingt.

Das für die folgende Betrachtung zugrunde gelegte System hat damit die Form

$$\dot{\underline{x}}(t) = \underline{A}(t)\,\underline{x}(t) + \underline{B}(t)\,\underline{u}(t) \qquad (6.11a)$$

$$y(t) = \underline{c}(t)\,\underline{x}(t) \quad , \qquad (6.11b)$$

wobei $\underline{x}$ der n-dimensionale Zustandsvektor und $\underline{u}(t)$ der r-dimensionale Eingangsvektor ist. Der skalare Ausgang wird mit $y(t)$ bezeichnet. $\underline{A}(t)$, $\underline{B}(t)$ und $\underline{c}(t)$ haben die Dimension nxn, nxr bzw. 1xn. Das System wird als gleichmäßig beobachtbar vorausgesetzt.

Die zu dem System (6.11) äquivalente Beobachtungsnormalform II. Art wird mit

$$\dot{\underline{z}}(t) = \widetilde{\underline{A}}(t)\,\underline{z}(t) + \widetilde{\underline{B}}(t)\,\underline{u}(t) \qquad (6.12a)$$

$$y(t) = \widetilde{\underline{c}}(t)\,\underline{z}(t) \qquad (6.12b)$$

bezeichnet, wobei für die nxn Matrix $\widetilde{\underline{A}}(t)$ und den n-dimensionalen Zeilenvektor $\widetilde{\underline{c}}(t)$ gilt:

$$\widetilde{\underline{A}}(t) = \begin{bmatrix} 0 & 0 & \ldots & 0 & \tilde{\alpha}_1(t) \\ 1 & 0 & \ldots & 0 & \tilde{\alpha}_2(t) \\ 0 & 1 & \ldots & 0 & \tilde{\alpha}_3(t) \\ & & \ddots & & \vdots \\ 0 & \ldots & & 1 & \tilde{\alpha}_n(t) \end{bmatrix} \qquad (6.13)$$

$$\widetilde{\underline{c}}(t) = \begin{bmatrix} 0 & 0 & \ldots & 0 & 1 \end{bmatrix} \qquad (6.14)$$

Das Verfahren zu der Bestimmung dieser Form wird in den Abschnitten (3.2) und (3.4) behandelt; das hier auftretende System mit einem Ausgang ist der entsprechende Spezialfall. In der nichtsingulären Transformation

$$\underline{z}(t) = \underline{T}(t)\,\underline{x}(t) \quad , \qquad (6.15)$$

111

die das allgemeine System (6.11) mit der Beobachtungsnormalform II. Art (6.12)
verbindet, gilt nach den Abschnitten 3.2 und 3.4 für die Transformationsmatrix

$$\underline{T}(t) = \underset{\approx}{\underline{\tilde{Q}}}{}_o^{-1}(t)\ \underline{Q}_o(t) \tag{6.16}$$

$\underset{\approx}{\underline{\tilde{Q}}}_o(t)$ und $\underline{Q}_o(t)$ sind dabei als Spezialfall von (3.44) und (3.78) gegeben. Wenn
die Parameter $\tilde{\alpha}_1$, $\tilde{\alpha}_2$, ..., $\tilde{\alpha}_n$ nach dem angegebenen Verfahren ermittelt sind,
ergibt sich nach (2.5)

$$\underset{\approx}{\underline{\tilde{B}}}(t) = \underline{T}(t)\ \underline{B}(t) \tag{6.17}$$

mit $\underline{T}(t)$ nach (6.16).

Um für das System (6.12) den zugehörigen Beobachter erniedrigter Ordnung, d.h.
der Ordnung n-1, aufzustellen, werden im folgenden zunächst einige Ausdrücke
definiert.

$\underline{S}^*$ sei eine konstante (n-1)xn Matrix der Form

$$\underline{S}^* = \begin{bmatrix} 1 & \lambda_1 & (\lambda_1)^2 & \cdots & (\lambda_1)^{n-1} \\ 1 & \lambda_2 & (\lambda_2)^2 & \cdots & (\lambda_2)^{n-1} \\ \vdots & \vdots & \vdots & & \vdots \\ 1 & \lambda_{n-1} & (\lambda_{n-1})^2 & \cdots & (\lambda_{n-1})^{n-1} \end{bmatrix}, \tag{6.18}$$

wobei die Größen λ_1, λ_2, ..., λ_n als n verschiedene, negative, **reelle** Skalare gewählt werden. Zu den gewählten Skalaren λ_μ ($\mu = 1,2,...,n$) gehört die
charakteristische Gleichung

$$\prod_{\mu=1}^{n} (\lambda - \lambda_\mu) = \lambda^n - \sum_{\nu=0}^{n-1} g_{\nu+1}\ (\lambda)^\nu \quad, \tag{6.19}$$

in der die Koeffizienten mit $g_{\nu+1}$ für $\nu=0,1,...,n-1$ bezeichnet werden. Mit
diesen Koeffizienten und den Parametern der Matrix $\underset{\approx}{\underline{\tilde{A}}}(t)$ wird der n-dimensionale Spaltenvektor $\underline{h}(t)$ in der folgenden Form definiert:

$$\underline{h}(t) = \begin{bmatrix} \tilde{\alpha}_1(t) - g_1 \\ \tilde{\alpha}_2(t) - g_2 \\ \vdots \\ \tilde{\alpha}_n(t) - g_n \end{bmatrix} \qquad (6.20)$$

Es wird nun behauptet, daß der exponentielle Beobachter zu dem System (6.11) bzw. (6.12) mit der Ordnung n-1 durch die Gleichung

$$\underline{\dot{q}}(t) = \underline{\Lambda}\,\underline{q}(t) + \underline{S}^*\,\underline{h}(t)\,y(t) + \underline{S}^*\,\underline{\tilde{\tilde{B}}}(t)\,\underline{u}(t) \qquad (6.21)$$

beschrieben wird, wobei $\underline{\Lambda}$ eine konstante $(n-1)\times(n-1)$ Diagonalmatrix ist:

$$\underline{\Lambda} = \begin{bmatrix} \lambda_1 & & & \\ & \lambda_2 & & \underline{0} \\ & & \ddots & \\ & \underline{0} & & \lambda_{n-1} \end{bmatrix} \qquad (6.22)$$

Führt man weiterhin den n-dimensionalen Vektor

$$\underline{q}^*(t) = \begin{bmatrix} \underline{q}(t) \\ y(t) \end{bmatrix} \qquad (6.23)$$

und entsprechend die nichtsinguläre nxn Matrix

$$\underline{S} = \begin{bmatrix} \underline{S}^* \\ \underline{\tilde{\tilde{c}}} \end{bmatrix} = \begin{bmatrix} \underline{S}^* \\ 0\ 0\ \ldots\ 0\ 1 \end{bmatrix} \qquad (6.24)$$

ein, so erhält man für den Schätzwert des Zustandsvektors

$$\underline{\hat{z}}(t) = \underline{S}^{-1}\,\underline{q}^*(t) \qquad (6.25)$$

bzw. mit (6.15)

$$\underline{\hat{x}}(t) = \underline{T}^{-1}(t)\,\underline{S}^{-1}\,\underline{q}^*(t) \qquad (6.26)$$

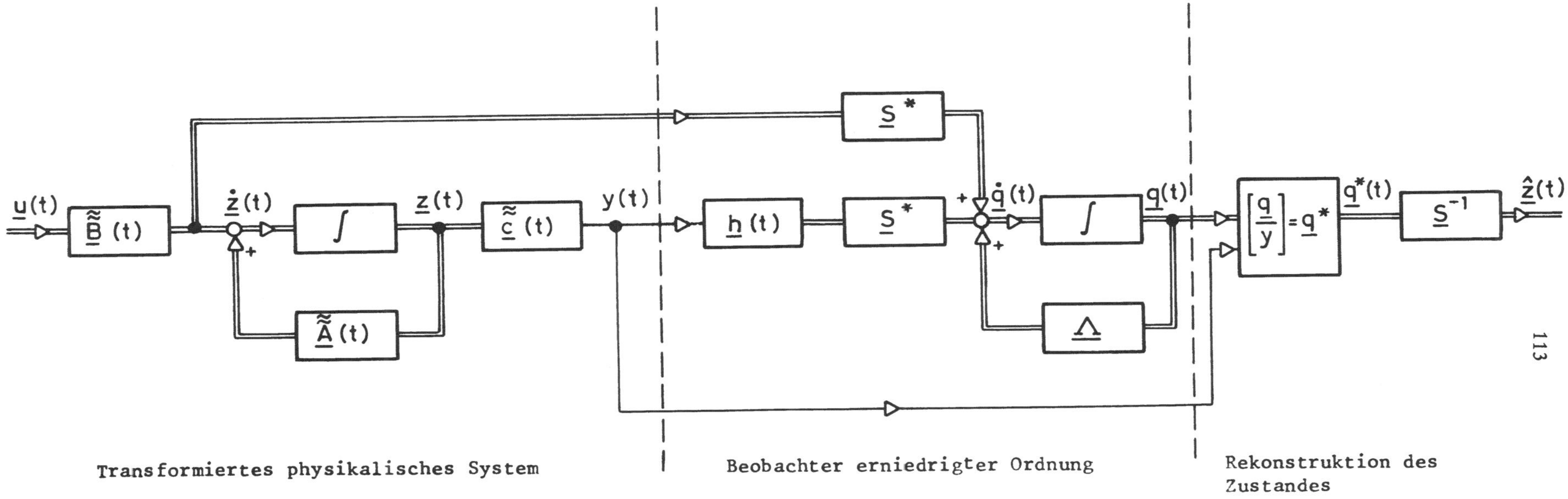

Bild 7   Blockdiagramm des exponentiellen Beobachters erniedrigter Ordnung

Der Schätzwert ergibt sich damit durch eine lineare Transformation aus dem erweiterten Zustandsvektor $\underline{q}^*$ des Beobachters.

Dieses Ergebnis ist in Bild 7 in dem Blockdiagramm veranschaulicht. Der Beweis und die Untersuchung des Fehlers zwischen dem Schätzwert und dem tatsächlichen Zustand des physikalischen Systems wird in dem nächsten Abschnitt durchgeführt.

6.3 Die Bestimmung des Fehlers

Vor der eigentlichen Erörterung des Fehlerverlaufes zwischen dem tatsächlichen Zustand $\underline{x}(t)$ des physikalischen Systems und dem ermittelten Schätzwert $\underline{\hat{x}}(t)$ wird zunächst gezeigt, daß der Beobachter (6.21) die für den stationären Fall ($\underline{\hat{x}}(t) = \underline{x}(t)$) aufgestellte Bedingung (6.9) erfüllt. Die Bedingung (6.9) hat in dem vorliegenden Fall die Form

$$\underline{\dot{S}}^* = \underline{\Lambda}\ \underline{S}^* - \underline{S}^*\ \underline{\tilde{A}}(t) + \underline{S}^*\ \underline{h}(t)\ \underline{\tilde{\tilde{c}}} \tag{6.27}$$

Dabei ist $\underline{S}^*$ eine $(n-1)\times n$ Matrix, da der Beobachter die (erniedrigte) Ordnung $n-1$ hat. Bezeichnet man mit $\underline{\tilde{\tilde{A}}}^*$ den folgenden Ausdruck in (6.27)

$$\underline{\tilde{\tilde{A}}}^* = \underline{\tilde{\tilde{A}}}(t) - \underline{h}(t)\ \underline{\tilde{\tilde{c}}} \quad , \tag{6.28}$$

so ergibt sich mit (6.13), (6.14) und (6.20)

$$\underline{\tilde{\tilde{A}}}^* = \begin{bmatrix} 0 & 0 \dots 0 & g_1 \\ 1 & 0 \dots 0 & g_2 \\ 0 & 1 \dots 0 & g_3 \\ & \ddots & \\ 0 \dots & 1 & g_n \end{bmatrix} . \tag{6.29}$$

wobei $\underline{\tilde{\tilde{A}}}^*$ eine konstante $n\times n$ Matrix ist. Da sich für die charakteristische Gleichung

$$\det[\lambda\ \underline{I} - \underline{\tilde{\tilde{A}}}^*] = \lambda^n - \sum_{\nu=0}^{n-1} g_{\nu+1}(\lambda)^\nu = 0 \tag{6.30}$$

errechnet, sind die Eigenwerte von $\overset{\approx}{\underline{A}}{}^*$ gleich den gewählten negativen, reellen Skalaren λ_μ ($\mu = 1,2,\ldots,n$). Die Matrix $\underline{S}^*$ (Gl. (6.18)) ist konstant, so daß die Ableitung $\dot{\underline{S}}{}^*$ verschwindet. Damit erhält man unter Berücksichtigung von (6.28) für (6.27)

$$\underline{\Lambda}\,\underline{S}^* = \underline{S}^*\,\overset{\approx}{\underline{A}}{}^* \tag{6.31}$$

Diese Beziehung ist aufgrund von (6.30) identisch erfüllt, so daß der Beobachter (6.21) der Bedingung (6.27) bzw. der allgemeinen Bedingung (6.9) genügt.

Dieser Beobachter liefert einen Schätzwert für die ersten n-1 Komponenten des Zustandsvektors $\underline{z}(t)$; die n-te Komponente ist unmittelbar über dem Ausgang $y(t)$ des transformierten physikalischen Systems (6.12) gegeben. Damit ist der gesuchte Schätzwert des Zustandsvektors $\underline{z}(t)$ bzw. $\underline{x}(t)$ durch die Inversion der Matrix $\underline{S}$ zu bestimmen, die durch die entsprechende Erweiterung der Matrix $\underline{S}^*$ entsteht. Dieses Ergebnis ist in den Gleichungen (6.23) bis (6.26) dargestellt.

Mit Ausnahme der n-ten Komponente des Zustandsvektors wird zwischen dem Schätzwert $\underline{\hat{z}}(t)$ und dem tatsächlichen Zustand $\underline{z}(t)$ (bzw. zwischen $\underline{\hat{x}}(t)$ und $\underline{x}(t)$) eine Abweichung bestehen, die infolge der Dynamik des Beobachters auftritt. Der Vereinfachung wegen wird dieser Fehler mit $\underline{S}$ multipliziert und in dieser Form $\underline{\varepsilon}(t)$ genannt. Nach (6.25) gilt

$$\underline{z}(t) - \underline{\hat{z}}(t) = \underline{z}(t) - \underline{S}^{-1}\,\underline{q}^*(t) \tag{6.32}$$

bzw.

$$\underline{\varepsilon}(t) = \underline{S}\,\underline{z}(t) - \underline{q}^*(t) \tag{6.33}$$

Wenn die ersten n-1 Komponenten von $\underline{\varepsilon}(t)$ mit $\underline{\varepsilon}^*(t)$ bezeichnet werden, so folgt mit (6.23) und (6.24) aus (6.33)

$$\underline{\varepsilon}^*(t) = \underline{S}^*\,\underline{z}(t) - \underline{q}(t) \tag{6.34}$$

Die Differentiation dieser Beziehung bezüglich der Zeit ergibt

$$\underline{\dot{\varepsilon}}^*(t) = \underline{S}^* \underline{\dot{z}}(t) - \underline{\dot{q}}(t)$$

bzw. mit (6.12a) und (6.21)

$$\underline{\dot{\varepsilon}}^*(t) = \underline{S}^* \underline{\widetilde{\widetilde{A}}}(t) \, \underline{z}(t) - \underline{\Lambda} \, \underline{q}(t) - \underline{S}^* \underline{h}(t) \, y(t) \tag{6.35}$$

Mit (6.12b) entsteht daraus

$$\underline{\dot{\varepsilon}}^*(t) = \underline{S}^* [\underline{\widetilde{\widetilde{A}}}(t) - \underline{h}(t) \, \underline{\widetilde{\widetilde{c}}}] \underline{z}(t) - \underline{\Lambda} \, \underline{q}(t)$$

oder mit (6.28) und (6.29)

$$\underline{\dot{\varepsilon}}^*(t) = \underline{S}^* \underline{\widetilde{\widetilde{A}}}{}^* \, \underline{z}(t) - \underline{\Lambda} \, \underline{q}(t) \tag{6.36}$$

Durch Einsetzen von (6.31) erhält man

$$\underline{\dot{\varepsilon}}^*(t) = \underline{\Lambda} [\underline{S}^* \, \underline{z}(t) - \underline{q}(t)]$$

bzw. mit (6.34)

$$\underline{\dot{\varepsilon}}^*(t) = \underline{\Lambda} \, \underline{\varepsilon}^*(t) \tag{6.37}$$

für $t \geq t_o$. Die Lösung von (6.37) lautet

$$\underline{\varepsilon}^*(t) = e^{\underline{\Lambda}(t-t_o)} \, \underline{\varepsilon}^*(t_o) \tag{6.38a}$$

oder für die i-te Komponente von $\underline{\varepsilon}^*$

$$\varepsilon_i(t) = e^{\lambda_i(t-t_o)} \, \varepsilon_i(t_o) \qquad (i=1,2,\ldots,n-1) \tag{6.38b}$$

Für den gesamten Fehlervektor $\underline{\varepsilon}(t)$ entsprechend (6.33) ergibt sich dann

$$\underline{\varepsilon}(t) = \left[\begin{array}{c} \underline{\varepsilon}^*(t) \\ \hline 0 \end{array}\right] = \left[\begin{array}{c|c} e^{\underline{\Lambda}(t-t_o)} & \underline{0} \\ \hline \underline{0} & 0 \end{array}\right] \cdot \left[\begin{array}{c} \underline{\varepsilon}^*(t_o) \\ \hline 0 \end{array}\right] \tag{6.39}$$

wobei $y(t) = z_n(t)$ ist (z_n ist die n-te Komponente von $\underline{z}$).

Aus (6.33) folgt

$$\underline{z}(t) - \underline{S}^{-1} \underline{q}^{*}(t) = \underline{S}^{-1} \underline{\varepsilon}(t) \quad , \qquad (6.40)$$

oder anders ausgedrückt mit (6.25)

$$\underline{z}(t) - \underline{\hat{z}}(t) = \underline{S}^{-1} \underline{\varepsilon}(t) \qquad (6.41)$$

für $t \geq t_o$.

Da aufgrund der gewählten negativen, reellen Eigenwerte λ_i $(i=1,2,\ldots,n)$ der Fehler $\underline{\varepsilon}(t)$ nach (6.38) bzw. (6.39) exponentiell auf Null abklingt, nähert sich der Schätzwert $\underline{\hat{z}}(t)$ exponentiell dem tatsächlichen Zustand $\underline{z}(t)$ des transformierten physikalischen Systems. Dasselbe trifft für den Schätzwert des Zustandes $\underline{x}(t)$ des Systems (6.11) zu, wobei man mit der nichtsingulären Transformation (6.15) erhält:

$$\underline{x}(t) - \underline{T}^{-1}(t) \ \underline{S}^{-1} \ \underline{q}^{*}(t) = \underline{T}^{-1}(t) \ \underline{S}^{-1} \ \underline{\varepsilon}(t)$$

oder mit (6.26)

$$\underline{x}(t) - \underline{\hat{x}}(t) = \underline{T}^{-1}(t) \ \underline{S}^{-1} \ \underline{\varepsilon}(t) \quad , \qquad (6.42)$$

für $t \geq t_o$.

Wenn für $t \geq t_o$ das maximale Element der Matrix $(\underline{S} \ \underline{T})^{-1}$ mit a bezeichnet und $\lambda_m = \min(-\lambda_i)$ $(i=1,2,\ldots,n-1)$ gesetzt wird, so gilt nach (6.42) die folgende Fehlerabschätzung

$$||\underline{x}(t) - \underline{\hat{x}}(t)|| \leq a \ e^{-\lambda_m(t-t_0)} \qquad (6.43)$$

Der Fehler $\underline{x}(t) - \underline{\hat{x}}(t)$ kann unmittelbar für $t \geq t_o$ zu Null gemacht werden, wenn man die Anfangsbedingungen $\underline{x}(t_o)$ des physikalischen Systems (6.11) kennt, so daß nach (6.34) die Anfangsbedingungen $\underline{q}(t_o)$ des Beobachters (6.21) geeignet gesetzt werden können, d.h.

$$\underline{q}(t_o) = \underline{S}^{*} \ \underline{z}(t_o) \qquad (6.44)$$

bzw.

$$\underline{q}(t_o) = \underline{S}^{*} \ \underline{T}(t) \ \underline{x}(t_o) \qquad (6.45)$$

6.4 Der Entwurf eines Beobachters

Die Beziehungen, die in den Abschnitten 6.2 und 6.3 für das System (6.11)
mit einem skalaren Eingang abgeleitet wurden, dienen als Grundlage für die
Schätzung des Zustandsvektors des allgemeinen Mehrgrößensystems (6.1). Die
Konstruktion eines Beobachters für dieses System geschieht nach dem folgenden Verfahren, in dem die einzelnen Schritte zusammengefaßt sind.

Das Verfahren zur Konstruktion eines Beobachters

a) Anhand der in den Abschnitten 3.2 und 3.4 dargestellten Methode ist für
    das System (6.1) die äquivalente Beobachtungsnormalform II. Art (3.73)
    aufzustellen, wobei sich die Ordnung der Untersysteme n_i $(i=1,2,\ldots,s)$
    im betrachteten Zeitraum nicht ändern darf. Anschließend wird die Trans-
    formationsmatrix

$$\underline{T}(t) = \overset{\approx}{\underline{Q}}{}_{o}^{-1}(t) \; \underline{Q}_{o}(t) \tag{6.46}$$

mit den Beobachtbarkeitsmatrizen $\overset{\approx}{\underline{Q}}_{o}(t)$ und $\underline{Q}_{o}(t)$ nach (3.44) bzw. (3.78)
berechnet. Die Systemmatrizen sind $\overset{\approx}{\underline{A}}(t)$, $\overset{\approx}{\underline{B}}(t)$ und $\overset{\approx}{\underline{C}}(t)$.

In der Beobachtungsnormalform II. Art ist die Ordnung des Untersystems
durch das Prinzip der vollständigen Ketten festgelegt (Abschnitt 3.2).
Eine Beobachtungsnormalform II. Art kann dual nach einem anderen Prinzip
aufgestellt werden, bei dem die Ordnung der Untersysteme auch zu dem in
(5.4) bei $\underline{Q}_{c}(t)$ verwendetem Plan bestimmt wird (Abschnitt 5.1). Hierbei
ist die Ordnung der Untersysteme in gewissen Grenzen wählbar, jedoch ist
die Berechnung sowie die Struktur (beidseitige Kopplungen, komplizierte
Ausgangsmatrix) dieser kanonischen Form aufwendiger [9], [34].

Für jedes Untersystem (die Ordnung ist n_i, $i=1,2,\ldots,s$) werden die weiteren
Schritte getrennt durchgeführt. Die Kopplungen zwischen den Untersystemen
geschehen dabei durch die Parameter $\tilde{\alpha}_{i,k}^{j}$ und eventuell $\tilde{\gamma}_{i}^{j}$ in $\underset{\sim}{\tilde{S}}_{i,j}(t)$ (Gl.
(3.76)) bzw. in $\overset{\approx}{\underline{C}}(t)$ (Gl. (3.77)), d.h. nur durch die Ausgänge anderer Un-
tersysteme. Jedes Untersystem ist in den Abschnitten 6.2 und 6.3 durch das
System (6.12) repräsentiert; die Ordnung n_i $(i=1,2,\ldots,s)$ ist gleich der
Ordnung n des Systems (6.12). Damit gilt:

b) Es werden n_i Skalare λ_μ $(\mu=1,2,\ldots,n_i)$ gewählt, die konstant, reell,
    negativ und verschieden sind.

c) $\underline{S}^*$ und $\underline{h}(t)$ werden nach (6.18), (6.19) und (6.20) aufgestellt.

d) Die Gleichung des Beobachters ist nach (6.21) zu berechnen, wobei die verkoppelten Ausgänge anderer Untersysteme als zusätzliche externe Eingänge aufgefaßt werden, d.h. mit $\underline{S}^*$ multipliziert und dann wie $\underline{S}^*\underset{\approx}{\underline{B}}(t)\underline{u}(t)$ behandelt werden.

e) Die Schätzung des Zustandes des physikalischen Systems ist durch (6.26) gegeben, wobei bei einem allgemeinen Mehrgrößensystem die Ausdrücke $\underline{S}(t)$ und $\underline{q}^*(t)$ entsprechend die Form haben:

$$\underline{S}(t) = \begin{bmatrix} \underline{S}^* \\[2ex] \underset{\approx}{\underline{C}}(t) \end{bmatrix} \tag{6.47}$$

$$\underline{q}^*(t) = \begin{bmatrix} \underline{q}(t) \\[2ex] \underline{y}(t) \end{bmatrix} \tag{6.48}$$

f) Der zeitliche Verlauf des Fehlers zwischen dem Schätzwert und dem tatsächlichem Zustand ist in (6.42) angegeben; die Abschätzung enthält (6.43).

Das Verfahren soll an dem folgenden Beispiel demonstriert werden.

<u>Beispiel</u>

In dem System

$$\underline{\dot{x}}(t) = \begin{bmatrix} 0 & 1 & 0 & 0 \\ 1 & 0 & 0 & 0 \\ 0 & 1 & -\cos t & \sin t \\ 0 & 0 & 1 & \cos t \end{bmatrix} \underline{x}(t) + \begin{bmatrix} 0 & 0 \\ \sin t & 1 \\ 1 & 0 \\ 0 & -1 \end{bmatrix} \underline{u}(t) \tag{6.49a}$$

$$\underline{y}(t) = \begin{bmatrix} 1 & 0 & 0 & 0 \\ 1 & 0 & 0 & 1 \end{bmatrix} \underline{x}(t) \tag{6.49b}$$

sei der Zustandsvektor $\underline{x}(t)$ nicht meßbar und soll durch einen Beobachter geschätzt werden.

Nach den Abschnitten (3.2) und (3.4) erhält man für die äquivalente Beobachtungsnormalform II. Art bei der vorausgesetzten gleichmäßigen Beobachtbarkeit

$$\underline{\dot{z}}(t) = \underbrace{\left[\begin{array}{cc|cc} 0 & \cos^2 t & 0 & 1-\cos^2 t \\ 1 & 0 & 0 & 1 \\ \hline 0 & 0 & 0 & 1 \\ 0 & 0 & 1 & 0 \end{array}\right]}_{\underline{\tilde{\tilde{A}}}(t)} \underline{z}(t) + \underbrace{\left[\begin{array}{cc} 1+\sin t & 1-\cos t \\ 0 & -1 \\ \hline \sin t & 1 \\ 0 & 0 \end{array}\right]}_{\underline{\tilde{\tilde{B}}}(t)} \underline{u}(t) \tag{6.50a}$$

$$\underline{y}(t) = \underbrace{\left[\begin{array}{cc|cc} 0 & 0 & 0 & 1 \\ 0 & 1 & 0 & 0 \end{array}\right]}_{\underline{\tilde{\tilde{C}}}(t)} \underline{z}(t) \tag{6.50b}$$

Für die Transformationsmatrix $\underline{T}(t)$, die die Systeme (6.49) und (6.50) verbindet, ergibt sich nach (6.46)

$$\underline{T}(t) = \left[\begin{array}{cccc} -1 & 1 & 1 & \cos t \\ 1 & 0 & 0 & 1 \\ 0 & 1 & 0 & 0 \\ 1 & 0 & 0 & 0 \end{array}\right] \tag{6.51}$$

Das System (6.50) wird nun als zwei Systeme 2. Ordnung der folgenden Form aufgefaßt:

1. Untersystem

$$\left[\begin{array}{c} \dot{z}_1(t) \\ \dot{z}_2(t) \end{array}\right] = \left[\begin{array}{cc} 0 & \cos^2 t \\ 1 & 0 \end{array}\right] \left[\begin{array}{c} z_1(t) \\ z_2(t) \end{array}\right] + \left[\begin{array}{c} 1-\cos^2 t \\ 1 \end{array}\right] y_1(t) + \left[\begin{array}{cc} 1+\sin t & 1-\cos t \\ 0 & -1 \end{array}\right] \underline{u}(t) \tag{6.52a}$$

$$y_2(t) = \left[\begin{array}{cc} 0 & 1 \end{array}\right] \left[\begin{array}{c} z_1(t) \\ z_2(t) \end{array}\right] = z_2(t) \tag{6.52b}$$

2. Untersystem

$$\begin{bmatrix} \dot{z}_3(t) \\ \dot{z}_4(t) \end{bmatrix} = \begin{bmatrix} 0 & 1 \\ 1 & 0 \end{bmatrix} \begin{bmatrix} z_3(t) \\ z_4(t) \end{bmatrix} + \begin{bmatrix} \sin t & 1 \\ 0 & 0 \end{bmatrix} \underline{u}(t) \tag{6.53a}$$

$$y_1(t) = \begin{bmatrix} 0 & 1 \end{bmatrix} \begin{bmatrix} z_3(t) \\ z_4(t) \end{bmatrix} = z_4(t) \tag{6.53b}$$

Bei der in Abschnitt 3.4 beschriebenen Beobachtungsnormalform II. Art ist dabei stets wie bei dem 2. Untersystem (6.53) das s-te Untersystem ungekoppelt (s ist die Dimension des Ausgangsvektors).

Zunächst sollen die Zustandsvariablen $z_1(t)$ und $z_2(t)$ des 1. Untersystems geschätzt werden. Die Eigenwerte werden gleich

$$\lambda_1 = -2 \qquad \text{und} \qquad \lambda_2 = -3 , \tag{6.54}$$

gewählt. Nach (6.18) erhält man damit

$$\underline{S}^* = \begin{bmatrix} 1 & \lambda_1 \end{bmatrix} = \begin{bmatrix} 1 & -2 \end{bmatrix} \tag{6.55}$$

Für die charakteristische Gleichung (6.19) gilt

$$(\lambda)^2 - g_2 \lambda - g_1 = 0 ,$$

woraus mit (6.54)

$$g_1 = -6 \qquad \text{und} \qquad g_2 = -5 \tag{6.56}$$

folgt. Aus (6.20) gewinnt man

$$\underline{h}(t) = \begin{bmatrix} \tilde{\alpha}_1(t) - g_1 \\ \tilde{\alpha}_2(t) - g_2 \end{bmatrix} = \begin{bmatrix} \cos^2 t + 6 \\ 5 \end{bmatrix} \tag{6.57}$$

Der gesuchte Beobachter für das 1. Untersystem ist in (6.21) angegeben, so daß sich mit (6.54), (6.55) und (6.57) errechnet:

$$\dot{q}_1(t) = -2q_1(t) + (-4+\cos^2 t)y_2(t) + (1+\sin t)u_1(t)$$
$$+ (3-\cos t)u_2(t) + (-1-\cos^2 t)y_1(t) \tag{6.58}$$

Die Schätzwerte der Zustandsvariablen $z_1(t)$ und $z_2(t)$ ergeben sich nach (6.25) über $\underline{S}$ (Gl. (6.24))

$$\underline{S} = \begin{bmatrix} 1 & -2 \\ 0 & 1 \end{bmatrix}$$

zu

$$\begin{bmatrix} \hat{z}_1(t) \\ \hat{z}_2(t) \end{bmatrix} = \begin{bmatrix} 1 & 2 \\ 0 & 1 \end{bmatrix} \begin{bmatrix} q_1(t) \\ y_2(t) \end{bmatrix} \tag{6.59}$$

Der Beobachter für das 2. Untersystem kann in entsprechender Weise aufgestellt werden, wobei man bei der Wahl der Eigenwerte $\lambda_1=-2$ und $\lambda_2=-1$ erhält:

$$\dot{q}_2(t) = -2q_2(t) - 3y_1(t) + \sin t\, u_1(t) + u_2(t) \tag{6.60}$$

Damit gewinnt man die Schätzwerte der Zustandsvariablen $z_3(t)$ und $z_4(t)$ in der Form

$$\begin{bmatrix} \hat{z}_3(t) \\ \hat{z}_4(t) \end{bmatrix} = \begin{bmatrix} 1 & 2 \\ 0 & 1 \end{bmatrix} \begin{bmatrix} q_2(t) \\ y_1(t) \end{bmatrix} \tag{6.61}$$

Für den Schätzwert des gesuchten Zustandes $\underline{x}(t)$ des Systems (6.49) gilt nach (6.26) mit (6.59) und (6.61)

$$\underline{x}(t) \approx \hat{\underline{x}}(t) = \underline{T}^{-1}(t) \begin{bmatrix} 1 & 0 & 0 & 2 \\ 0 & 0 & 0 & 1 \\ 0 & 1 & 2 & 0 \\ 0 & 0 & 1 & 0 \end{bmatrix} \begin{bmatrix} q_1(t) \\ q_2(t) \\ y_1(t) \\ y_2(t) \end{bmatrix} \tag{6.62}$$

oder mit (6.51)

$$\underline{x}(t) \approx \underline{\hat{x}}(t) = \begin{bmatrix} 0 & 0 & 1 & 0 \\ 0 & 1 & 2 & 0 \\ 1 & -1 & -1+\cos t & 2-\cos t \\ 0 & 0 & -1 & 1 \end{bmatrix} \begin{bmatrix} q_1(t) \\ q_2(t) \\ y_1(t) \\ y_2(t) \end{bmatrix} \qquad (6.63)$$

7. Die Inversion von Mehrgrößensystemen

Durch die Inversion wird ein System so umstrukturiert, daß sich (ähnlich
wie bei inversen Übertragungsfunktionen) der ursprüngliche Ausgang als
Eingang und der ursprüngliche Eingang als Ausgang des entstehenden Systems
ergibt. Dadurch ist es z.B. möglich, für einen gewünschten Verlauf der Ausgangsgröße den erforderlichen Eingang zu ermitteln. In der vorliegenden
Arbeit wird die Inversion insbesondere als Rechenoperation für das Syntheseverfahren in Kapitel 8 benötigt. Die Gleichung des inversen Systems für
zeitvariable Mehrgrößensysteme wurde erstmals in [18] und unabhängig davon
in [36] und [19] veröffentlicht. Die umfassenste Darstellung dieses Problems enthält die auf [37] basierende Arbeit [36], in der zugleich eine reduzierte Form der Inversen angegeben wird. Die Arbeit [38] beruht auf einem
anderen Kriterium für die Invertierbarkeit von Mehrgrößensytemen (mit konstanten Koeffizienten) als [36], wobei sich entsprechende Ergebnisse ergeben. In diesem Kapitel soll die Inverse für zeitvariable Mehrgrößensysteme
durch eine Verallgemeinerung der Ausführungen abgeleitet werden, die für
zeitvariable Systeme mit einem Eingang und einem Ausgang in [22] (konstanter Fall in [39]) enhalten sind.

7.1 Die Definition

In [5] wird das inverse System dadurch definiert, daß das inverse System in
Reihenschaltung mit dem Originalsystem ein Einheitselement bildet. Ein Einheitselement ist dabei ein System mit identischem Ein- und Ausgang. Diese
Aussage kann durch die Verwendung der folgenden Übertragungsoperatoren verdeutlicht werden: Ein lineares zeitvariables System mit dem Eingang $\underline{u}(t)$
und dem Ausgang $\underline{y}(t)$ habe das Übertragungsverhalten $O_A(t)$, so daß gilt:

$$\underline{y}(t) = O_A(t)\, \underline{u}(t) \tag{7.1}$$

Dann wird das zugehörige inverse System durch die Gleichung

$$\underline{u}(t) = O_A^{-1}(t)\, \underline{y}(t) \tag{7.2}$$

beschrieben, wobei nun $\underline{y}(t)$ der Eingang und $\underline{u}(t)$ der Ausgang des Systems ist.
Die Reihenschaltung des Systems (7.1) und des durch Inversion entstandenen
Systems (7.2), die in Bild 8 verdeutlicht ist, ergibt definitionsgemäß
die Gleichung für das Einheitselement

$$\underline{u}(t) = 0_A^{-1}(t)\ 0_A(t)\ \underline{u}(t) \tag{7.3}$$

bzw.

$$\underline{u}(t) = 0_I(t)\ \underline{u}(t) \quad , \tag{7.4}$$

wobei

$$0_I(t) = 0_A^{-1}(t)\ 0_A(t) \tag{7.5}$$

das Einheitselement ist.

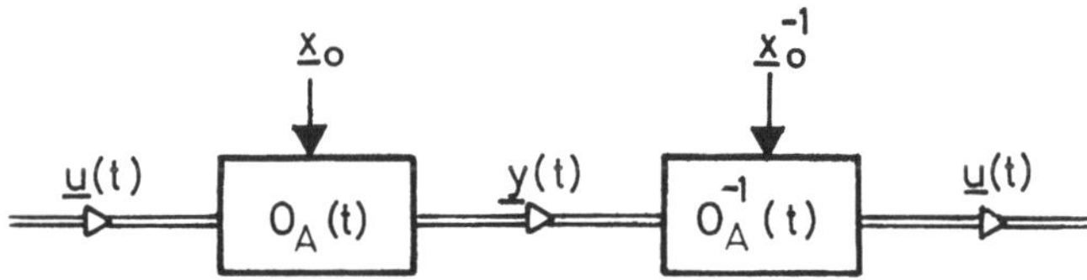

<u>Bild 8</u> Zur Definition des inversen Systems

In entsprechender Weise muß für die umgekehrte Folge in der Reihenschaltung
gelten

$$\underline{y}(t) = 0_A(t)\ 0_A^{-1}(t)\ \underline{y}(t) \quad , \tag{7.6}$$

wobei wiederum

$$0_I(t) = 0_A(t)\ 0_A^{-1}(t) \tag{7.7}$$

ein Einheitselement ist. Die in Bild 8 eingezeichneten Anfangsbedingungen
$\underline{x}_0$ für das System (7.1) mit $0_A(t)$ und $\underline{x}_0^{-1}$ für das System (7.2) mit $0_A^{-1}(t)$
müssen sich dabei in der Weise entsprechen, daß die Gleichung (7.3) bzw.
(7.6) erfüllt ist.

Nachdem das inverse System in allgemeiner Form eingeführt worden ist, wird
für die konkrete Durchführung das allgemeine System (7.1) durch die folgende

Darstellung im Zustandsraum

$$\dot{\underline{x}}(t) = \underline{A}(t)\,\underline{x}(t) + \underline{B}(t)\,\underline{u}(t) \qquad , \tag{7.8a}$$

$$\underline{y}(t) = \underline{C}(t)\,\underline{x}(t) + \underline{D}(t)\,\underline{u}(t) \qquad . \tag{7.8b}$$

charakterisiert. Dabei ist $\underline{x}$ der n-dimensionale Zustandsvektor, $\underline{u}$ und $\underline{y}$ stellen den m-dimensionalen Eingangs- bzw. Ausgangsvektor dar und die Matrizen $\underline{A}(t)$, $\underline{B}(t)$, $\underline{C}(t)$ und $\underline{D}(t)$ haben eine damit verträgliche Ordnung. Da bei der Inversion der Eingangs- und Ausgangsvektor des Originalsystems zum Ausgangs- bzw. Eingangsvektor des inversen Systems werden, ist bei dem Originalsystem eine direkte Abhängigkeit des Ausgangs vom Eingang naturgemäß von Bedeutung, so daß der Term $\underline{D}(t)\underline{u}$ in der Ausgangsgleichung (7.8b) eingeführt wurde. Die Beschaffenheit der Matrix $\underline{D}(t)$ hat dabei einen entscheidenden Einfluß auf die Struktur der Inversen, so daß die Inversion anhand der folgenden drei Fälle untersucht wird:

a) $\det \underline{D}(t) \neq 0$

b) $\underline{D}(t) = \underline{0}$ $\Big\}$ für alle t

c) $\det \underline{D}(t) = 0$ und $\underline{D}(t) \neq \underline{0}$

7.2 Die Struktur des inversen Systems in verschiedenen Fällen

In diesem Abschnitt wird die Gleichung des inversen Systems für die in Abschnitt 7.1 angegebenen Fälle a), b) und c) abgeleitet, in denen die Matrix $\underline{D}(t)$ des Systems (7.8) nichtsingulär, Null bzw. singulär ist.

Fall a): $\det \underline{D}(t) \neq 0$

Dieser Fall ist am einfachsten zu behandeln, da man aufgrund der Nichtsingularität von $\underline{D}(t)$ die Gleichung (7.8b) sofort nach der Eingangsgröße $\underline{u}(t)$ auflösen kann:

$$\underline{u} = -\underline{D}^{-1}\underline{C}\,\underline{x} + \underline{D}^{-1}\underline{y} \tag{7.9}$$

Durch Einsetzen von (7.9) in die Zustandsgleichung (7.8a) erhält man

$$\dot{\underline{x}} = \underline{A}\,\underline{x} - \underline{B}\,\underline{D}^{-1}\underline{C}\,\underline{x} + \underline{B}\,\underline{D}^{-1}\underline{y} \qquad ,$$

womit unter der Voraussetzung det $\underline{D} \neq 0$ das zu System (7.8) inverse System durch die folgende Gleichung beschrieben wird:

$$\underline{\dot{x}}(t) = [\underline{A}(t) - \underline{B}(t)\,\underline{D}^{-1}(t)\,\underline{C}(t)]\underline{x}(t) + \underline{B}(t)\,\underline{D}^{-1}(t)\,\underline{y}(t) \tag{7.10a}$$

$$\underline{u}(t) = -\,\underline{D}^{-1}(t)\,\underline{C}(t)\,\underline{x}(t) + \underline{D}^{-1}(t)\,\underline{y}(t) \tag{7.10b}$$

Fall b): $\underline{D}(t) = \underline{0}$

Bei $\underline{D}(t) = \underline{0}$ hat das zugrunde gelegte System (7.8) die Form

$$\underline{\dot{x}}(t) = \underline{A}(t)\underline{x}(t) + \underline{B}(t)\underline{u}(t) \tag{7.11a}$$

$$\underline{y}(t) = \underline{C}(t)\underline{x}(t) \tag{7.11b}$$

Für den Aufbau der Inversen des Systems (7.11) ist die Differenzordnung ρ_i erforderlich, die bereits in Kapitel 4 benutzt wurde.

Definition für ρ_i: Betrachtet wird das System (7.8) oder (7.11). Wenn für alle t innerhalb $[t_0,\infty)$ gilt

$$(L_A^{\gamma_i}\underline{c}_i)\underline{B} = \underline{0} \qquad \text{für } 0 \leq \gamma_i < \rho_i - 1 \tag{7.12a}$$

und

$$(L_A^{\rho_i-1}\underline{c}_i)\underline{B} \neq \underline{0} \;, \tag{7.12b}$$

so ist die Zahl $\rho_i = 1,2,..$ die Differenzordnung bezüglich der i-ten Ausgangsgröße y_i (i=1,2,...,m) ($\underline{c}_i$ ist die i-te Zeile von $\underline{C}(t)$).

Die i-te Zeile von (7.11b) hat die Form

$$y_i = \underline{c}_i\,\underline{x} \tag{7.13}$$

für i=1,2,...,m. Differenziert man y_i nach der Zeit und setzt die Zustandsgleichung (7.11a) ein, so erhält man

$$\dot{y}_i = \underline{\dot{c}}_i\,\underline{x} + \underline{c}_i\,\underline{\dot{x}}$$

$$\dot{y}_i = (\underline{\dot{c}}_i + \underline{c}_i\,\underline{A})\underline{x} + \underline{c}_i\,\underline{B}\,\underline{u}$$

bzw. mit dem Operator (2.14)

$$\dot{y}_i = (L_A \underline{c}_i)\underline{x} + \underline{c}_i \, \underline{B} \, \underline{u} \qquad (7.14)$$

Daraus ergibt sich mit der Definitionsgleichung (7.12) für $0 < \rho_i - 1$

$$\dot{y}_i = (L_A \underline{c}_i)\underline{x} \qquad (7.15)$$

Verfährt man mit der Gleichung (7.15) in der gleichen Weise wie mit (7.13), so errechnet sich

$$\ddot{y}_i = (L_A^2 \underline{c}_i)\underline{x} + (L_A \underline{c}_i)\underline{B} \, \underline{u} \qquad (7.16)$$

bzw. bei $1 < \rho_i - 1$

$$\ddot{y}_i = (L_A^2 \underline{c}_i)\underline{x} \qquad (7.17)$$

Auf diese Weise erhält man für die ρ_i-te Ableitung

$$y_i^{(\rho_i)} = (L_A^{\rho_i} \underline{c}_i)\underline{x} + (L_A^{\rho_i-1} \underline{c}_i)\underline{B} \, \underline{u} \qquad (7.18)$$

für $i=1,2,\ldots,m$. Faßt man diese Ableitungen zu dem Vektor

$$\underline{y}^*(t) = \begin{bmatrix} y_1^{(\rho_1)} \\ \vdots \\ y_i^{(\rho_i)} \\ \vdots \\ y_m^{(\rho_m)} \end{bmatrix} \qquad (7.19)$$

zusammen, so entsteht aus (7.18)

$$\underline{y}^* = \underline{A}^*(t)\underline{x} + \underline{B}^*(t)\underline{u} \qquad (7.20)$$

mit der mxn Matrix $\underline{A}^*(t)$

$$\underline{A}^*(t) = \begin{bmatrix} L_A^{\rho_1}\underline{c}_1 \\ \vdots \\ L_A^{\rho_i}\underline{c}_i \\ \vdots \\ L_A^{\rho_m}\underline{c}_m \end{bmatrix} \qquad (7.21)$$

und der mxm Matrix $\underline{B}^*(t)$

$$\underline{B}^*(t) = \begin{bmatrix} (L_A^{\rho_1-1}\underline{c}_1)\underline{B} \\ \vdots \\ (L_A^{\rho_i-1}\underline{c}_i)\underline{B} \\ \vdots \\ (L_A^{\rho_m-1}\underline{c}_m)\underline{B} \end{bmatrix} \qquad (7.22)$$

Unter der Voraussetzung, daß $\underline{B}^*(t)$ nichtsingulär, d.h. det $\underline{B}^*(t) \neq 0$ ist, kann (7.20) eindeutig nach der Eingangsgröße $\underline{u}(t)$ aufgelöst werden:

$$\underline{u} = -\underline{B}^{*-1}\,\underline{A}^*\,\underline{x} + \underline{B}^{*-1}\,\underline{y}^* \qquad (7.23)$$

Setzt man (7.23) in die Zustandsgleichung (7.11a) ein, so ergibt sich

$$\underline{\dot{x}} = \underline{A}\,\underline{x} - \underline{B}\,\underline{B}^{*-1}\,\underline{A}^*\,\underline{x} + \underline{B}\,\underline{B}^{*-1}\,\underline{y}^*$$

Die Gleichung der Inversen für das System (7.11) hat damit die Form

$$\underline{\dot{x}}(t) = [\underline{A}(t) - \underline{B}(t)\,\underline{B}^{*-1}(t)\underline{A}^*(t)]\underline{x}(t) + \underline{B}(t)\,\underline{B}^{*-1}(t)\,\underline{\dot{y}}^*(t) \qquad (7.24a)$$

$$\underline{u}(t) = -\underline{B}^{*-1}(t)\,\underline{A}^*(t)\,\underline{x}(t) + \underline{B}^{*-1}(t)\,\underline{\dot{y}}^*(t) \quad , \qquad (7.24b)$$

wobei die Nichtsingularität der Matrix $\underline{B}^*(t)$ hinreichend für die Bildung der Inversen ist.

Fall c): det $\underline{D}(t) = 0$ und $\underline{D}(t) \neq 0$

Die folgende Betrachtung geht davon aus, daß die Matrix $\underline{D}(t)$ des Systems (7.8)
singulär ist. Sollte $\underline{D}(t)$ dabei so beschaffen sein, daß einige Zeilen ungleich
Null und zugleich linear abhängig sind, so muß diese lineare Abhängigkeit zunächst durch eine Transformation der Gleichung (7.8b) beseitigt werden. Hierbei
gilt das Folgende [36]: Wenn die mxm Matrix $\underline{D}(t)$ den Rang q hat und q < m ist,
dann existiert eine nichtsinguläre mxm Matrix $\underline{S}(t)$ dergestalt, daß

$$\hat{\underline{D}}(t) = \underline{S}(t)\,\underline{D}(t) \tag{7.25}$$

$$= \begin{bmatrix} \underline{D}_1 \\ \underline{0} \end{bmatrix} \tag{7.26}$$

gilt, wobei $\underline{D}_1$ q-Reihen und den Rang q hat.

Durch diese Transformation gewinnt die Gleichung (7.8b) die Form

$$\hat{\underline{y}}(t) = \hat{\underline{C}}(t)\,\underline{x}(t) + \hat{\underline{D}}(t)\,\underline{u}(t) \quad , \tag{7.27}$$

wobei

$$\hat{\underline{y}}(t) = \underline{S}(t)\underline{y}(t) \tag{7.28}$$

und

$$\hat{\underline{C}}(t) = \underline{S}(t)\,\underline{C}(t) \tag{7.29}$$

ist. Diese Transformation kann natürlich auch in den Fällen benutzt werden,
in denen alle Zeilen, die ungleich Null sind, linear unabhängig sind. In [36]
beispielsweise dient diese Transformation grundsätzlich als erster Schritt
zur Bildung der Inversen, was jedoch, wie dargestellt wird, nicht erforderlich
ist.

Damit kann im folgenden stets davon ausgegangen werden, daß in der singulären
Matrix $\underline{D}(t)$ alle Zeilen, die ungleich Null sind, linear unabhängig sind. Diese
lineare Unabhängigkeit ist entweder von vornherein gegeben oder wird andernfalls
durch eine Transformation mit der Matrix $\underline{S}(t)$ (Gln. (7.25) bis (7.29)) erzielt.

Es ist nun zweckmäßig, die Definition für die Differenzordnung ρ_i in der Gleichung (7.12) in der folgenden Weise zu ergänzen:

Definition für $\rho_i = 0$ Betrachtet wird das System (7.8). Wenn für alle t innerhalb $[t_o, \infty)$ für die i-te Zeile $\underline{d}_i$ von $\underline{D}(t)$ gilt

$$\underline{d}_i(t) \neq \underline{0} \quad , \tag{7.30}$$

so ist $\rho_i = 0$ die Differenzordnung bezüglich der i-ten Ausgangsgröße y_i ($i = 1, 2, \ldots, m$).

Nimmt man nun an, daß für die i-te Ausgangsgröße von $\underline{y}$ die Differenzordnung $\rho_i = 0$ ist, so erhält man für die i-te Zeile der Gleichung (7.8b)

$$y_i = \underline{c}_i \, \underline{x} + \underline{d}_i \, \underline{u} \quad , \tag{7.31}$$

wobei $\underline{d}_i \neq \underline{0}$ ist. Diese Gleichung entspricht offensichtlich der Beziehung (7.18) in dem Fall b und kann als Erweiterung für den Wert $\rho_i = 0$ aufgefaßt werden. Das bedeutet, bei $\rho_i = 0$ ist

$$\left. L_A^{\rho_i} \underline{c}_i \right|_{\rho_i = 0} = L_A^0 \underline{c}_i = \underline{c}_i \quad , \tag{7.32}$$

was auch sofort aus der Definition des Operators (2.14) folgt, und weiterhin gilt

$$\left. (L_A^{\rho_i - 1} \underline{c}_i) \underline{B} \right|_{\rho_i = 0} \rightarrow \underline{d}_i \tag{7.33}$$

d.h. an die Stelle von $(L_A^{\rho_i - 1} \underline{c}_i) \underline{B}$ tritt bei $\rho_i = 0$ die Zeile $\underline{d}_i$.

Damit hat auch im Fall c) das inverse System die Form (7.24), wobei für diejenigen Zeilen ($i = 1, 2, .., m$), für die $\rho_i = 0$ ist, das Folgende zu beachten ist: In $\underline{y}^*(t)$ (Gl. (7.19)) und $\underline{A}^*(t)$ (Gl. (7.21)) treten an die Stelle von $y_i^{(\rho_i)}$ bzw. $L_A^{\rho_i} \underline{c}_i$ die Ausdrücke y_i bzw. $\underline{c}_i$, was auch formal aus $\rho_i = 0$ folgt. In $\underline{B}^*(t)$ (Gl. (7.22)) wird bei $\rho_i = 0$ die Zeile $(L_A^{\rho_i - 1} \underline{c}_i) \underline{B}$ durch $\underline{d}_i$ ersetzt. Die Fälle a) und b) stellen die extremen Möglichkeiten des eben behandelten Falles c) dar, denn der Fall a) ist gegeben, wenn für <u>alle</u> Zeilen von $i = 1$ bis m $\rho_i = 0$ ist (lineare Unabhängigkeit vorausgesetzt) und der Fall b) ergibt sich dadurch, daß für <u>keine</u> Zeile von $i = 1$ bis m $\rho_i = 0$ ist.

Die in diesem Abschnitt abgeleiteten Matrizen $\underline{A}^*(t)$ und $\underline{B}^*(t)$ (Gln. (7.21) und (7.22)) stimmen (bis auf den Fall $\rho_i = 0$) mit den Matrizen $\underline{A}^*(t)$ und $\underline{B}^*(t)$ überein, die in Kapitel 4 bei der Entkopplung von Systemen auftraten. So ist es auch möglich, die Gleichung der Inversen in dem Zusammenhang mit der Systementkopplung abzuleiten [18]. Den Ausgangspunkt bilden in diesem Fall die Gleichung (4.50) und (4.2) in Kapitel 4, wobei jedoch nur der Fall b) dieses Abschnittes erfaßt wird.

7.3 Das allgemeine Ergebnis

Die im vorhergehenden Abschnitt abgeleiteten Ergebnisse,in denen drei verschiedene Fälle bei der Bildung des inversen Systems berücksichtigt wurden, können zu dem folgenden, allgemeinen Verfahren zusammengefaßt werden:

Das Verfahren zur Bildung des inversen Systems

Es wird das n-dimensionale System (7.8), in dem der Eingangs- und der Ausgangsvektor beide die Dimension m haben, zugrunde gelegt:

$$\underline{\dot{x}}(t) = \underline{A}(t)\underline{x}(t) + \underline{B}(t)\underline{u}(t) \tag{7.8a}$$

$$\underline{y}(t) = \underline{C}(t)\underline{x}(t) + \underline{D}(t)\underline{u}(t) \tag{7.8b}$$

Das zugehörige inverse System hat die Form

$$\underline{\dot{x}}(t) = [\underline{A}(t) - \underline{B}(t)\,\underline{B}^{*-1}(t)\,\underline{A}^*(t)]\underline{x}(t) + \underline{B}(t)\,\underline{B}^{*-1}(t)\,\underline{y}^*(t) \tag{7.24a}$$

$$\underline{u}(t) = -\underline{B}^{*-1}(t)\,\underline{A}^*(t)\,\underline{x}(t) + \underline{B}^{*-1}(t)\,\underline{y}^*(t) \ , \tag{7.24b}$$

wobei die Ausdrücke $\underline{y}^*(t)$, $\underline{A}^*(t)$ und $\underline{B}^*(t)$ in den Gleichung (7.19), (7.21) und (7.22) angegeben sind.

Bei der Bildung des inversen Systems ist zunächst zu prüfen, ob die Matrix $\underline{D}(t)$ in (7.8b) Zeilen enthält, die ungleich Null und zugleich linear abhängig sind. Falls das der Fall ist, muß diese lineare Abhängigkeit durch eine Transformation der Form (7.25) bis (7.29) beseitigt werden. Als nächstes wird die Differenzordnung ρ_i für alle Zeilen $i=1,2,\ldots,m$ anhand der Definitionsgleichung

(7.30) bzw., wenn diese nicht zutrifft, anhand von (7.12) bestimmt. Anschließend werden die Ausdrücke $\underline{y}^*(t)$, $\underline{A}^*(t)$ und $\underline{B}^*(t)$ nach (7.19), (7.21) und (7.22) errechnet. Bei $\underline{y}^*$ und $\underline{A}^*$ ergibt sich für die Zeilen, in denen $\rho_i=0$ ist, durch formales Einsetzen von $\rho_i=0$ unmittelbar das richtige Ergebnis; bei $\underline{B}^*$ ist jeweils für $\rho_i=0$ in der betreffenden Zeile anstelle von $(L_A^{\rho_i-1}\underline{c}_i)\underline{B}$ die Zeile $\underline{d}_i$ zu setzen. Wenn diese Matrix $\underline{B}^*(t)$ nichtsingulär ist, erhält man nach (7.24) die gesuchte Gleichung des inversen Systems. Wird $\underline{B}^*(t)$ singulär, so muß eine Transformation entsprechend zu den Gleichungen (7.25) bis (7.29) bei der Beziehung (7.20) für $\underline{y}^*(t)$ durchgeführt werden.

In [36] wird eine reduzierte Form der Inversen angegeben, die hier jedoch nicht behandelt wird, da ein entsprechendes Reduzierungsverfahren in den Abschnitten 2.2 und 2.3 ausführlich abgeleitet wurde.

Zu der Definition des inversen Systems

Die abgeleitete Gleichung des inversen Systems (7.24) ist gegenüber der allgemeinen Definition des inversen Systems in Abschnitt 7.1 modifiziert, da die Eingangsgröße $\underline{y}^*(t)$ ist. Dieser Unterschied ist nicht entscheidend, da in den Definitionsgleichungen des Abschnittes 7.1 $\underline{y}^*(t)$ an die Stelle von $\underline{y}(t)$ gesetzt werden kann.

Im **strengen Sinne der Definition** des inversen Systems ist demnach nicht (7.8) das Originalsystem der Inversen (7.24), sondern das System

$$\underline{\dot{x}}(t) = \underline{A}(t)\underline{x}(t) + \underline{B}(t)\underline{u}(t) \tag{7.34a}$$

$$\underline{y}^*(t) = \underline{A}^*(t)\underline{x}(t) + \underline{B}^*(t)\underline{u}(t) \quad , \tag{7.34b}$$

welches durch Ersetzen der Gleichung (7.8b) durch (7.20) entsteht. Die Systeme (7.34) und (7.24) erfüllen die in Abschnitt 7.1 angegebenen Beziehungen (7.3) bis (7.7), wobei sich die Einheitssysteme (7.5) und (7.7) mit den in Abschnitt 8.2 angegebenen Beziehungen errechnen lassen.

Wenn die Anfangsbedingungen $\underline{x}_o = \underline{x}(t_o)$ des Systems (7.34) gleich denen des zugehörigen inversen Systems (7.24) sind, und im Intervall $[t_o,\infty)$ der Eingang $\underline{u}(t)$ in dem System (7.34) den Ausgang $\underline{y}^*(t)$ erzeugt, so erzeugt der Eingang $\underline{y}^*(t)$ in dem zugehörigen inversen System (7.24) den Ausgang $\underline{u}(t)$ im Intervall $[t_o, \infty)$. Betrachtet man die Systeme (7.8) und (7.24), so gilt bei gleichen Anfangsbedingungen das Entsprechende. Der Ausgang $\underline{y}(t)$ des Systems (7.8) muß dabei zu dem Eingang $\underline{y}^*(t)$ des inversen Systems (7.24) umgeformt werden, um den ursprünglichen Eingang $\underline{u}(t)$ als Ausgang des inversen Systems zu erhalten.

<u>Beispiel</u>

Die Inversion des folgenden zeitvariablen Mehrgrößensystems ist durchzuführen:

$$\underline{\dot{x}} = \begin{bmatrix} 1 & 0 & 2 \\ 0 & 1 & t \\ t^2 & 1 & -1 \end{bmatrix} \underline{x} + \begin{bmatrix} 1 & 0 \\ t & 1 \\ 0 & 1 \end{bmatrix} \underline{u} \tag{7.35a}$$

$$\underline{y} = \begin{bmatrix} 0 & 1 & 0 \\ 1 & 0 & 0 \end{bmatrix} \underline{x} + \begin{bmatrix} 0 & 0 \\ 1 & 0 \end{bmatrix} \underline{u} \tag{7.35b}$$

Da

$$\underline{d}_1 = \underline{0}$$

und

$$\underline{c}_1 \underline{B} = [t \quad 1] \neq \underline{0}$$

ist, folgt aus der Definitionsgleichung (7.12) für die Differenzordnung der ersten Ausgangsgröße

$$\rho_1 = 1 \tag{7.36}$$

Für ρ_2 ergibt sich nach der Definitionsgleichung (7.30)

$$\rho_2 = 0 \quad , \tag{7.37}$$

da

$$\underline{d}_2 \neq \underline{0}$$

ist.

Mit ρ_1 und ρ_2 in (7.36) und (7.37) errechnet sich aus (7.21)

$$\underline{A}^*(t) = \begin{bmatrix} L_A \underline{c}_1 \\ \underline{c}_2 \end{bmatrix} = \begin{bmatrix} 0 & 1 & t \\ 1 & 0 & 0 \end{bmatrix} \tag{7.38}$$

und aus (7.22)

$$\underline{B}^*(t) = \begin{bmatrix} \underline{c}_1 \underline{B} \\ \underline{d}_2 \end{bmatrix} = \begin{bmatrix} t & 1 \\ 1 & 0 \end{bmatrix} \tag{7.39}$$

sowie aus (7.19)

$$\underline{y}^*(t) = \begin{bmatrix} \dot{y}_1 \\ y_2 \end{bmatrix} \tag{7.40}$$

Da $\underline{B}^*(t)$ in (7.39) nichtsingulär ist, erhält man damit nach (7.24) das zu dem System (7.35) inverse System

$$\dot{\underline{x}} = \begin{bmatrix} 0 & 0 & 2 \\ 0 & 0 & 0 \\ t^2+t & 0 & -1-t \end{bmatrix} \underline{x} + \begin{bmatrix} 0 & 1 \\ 1 & 0 \\ 1 & -t \end{bmatrix} \begin{bmatrix} \dot{y}_1 \\ y_2 \end{bmatrix} \tag{7.41a}$$

$$\underline{u} = \begin{bmatrix} -1 & 0 & 0 \\ t & -1 & -t \end{bmatrix} \underline{x} + \begin{bmatrix} 0 & 1 \\ 1 & -t \end{bmatrix} \begin{bmatrix} \dot{y}_1 \\ y_2 \end{bmatrix} \tag{7.41b}$$

8. Die Synthese vermaschter Mehrgrößensysteme

Die Synthese vermaschter, zeitvariabler Systeme mit einem Eingang und einem
Ausgang ist in [22] dargestellt worden, und zwar für eine Beschreibung der
Systeme durch die Gewichtsfunktion [40], durch die skalare Differentialgleichung [41,42] und durch die Darstellung im Zustandsraum [43,44]. In diesem
Kapitel wird dieses Syntheseproblem für Mehrgrößensysteme auf der Grundlage
der Darstellung im Zustandsraum betrachtet [45]; die übrigen Verfahren eignen sich nicht für eine Verallgemeinerung. Als Grundlage für das im folgenden angegebene Syntheseverfahren dient das Rechnen mit Übertragungsoperatoren, worin zugleich auch der einzige Zugang zu der Behandlung von vermasch-
ten zeitvariablen Systemen besteht. Unter einer Vermaschung wird dabei eine
beliebige Anordnung von Reihenschaltungen, Parallelschaltungen und Kreisschaltungen dynamischer Elemente verstanden.

8.1 Die Darstellung mit Übertragungsoperatoren

Das Übertragungsverhalten eines allgemeinen linearen zeitvariablen Mehrgrößen-
systems mit dem Eingangsvektor $\underline{u}(t)$ und dem Ausgangsvektor $\underline{y}(t)$ soll durch den
Übertragungsoperator $O_A(t)$ charakterisiert werden, so daß gilt

$$\underline{y}(t) = O_A(t)\,\underline{u}(t) \tag{8.1}$$

Dieser Übertragungsoperator kann durch verschiedene Darstellungsformen eines
Systems realisiert werden. Im folgenden wird für diesen Zweck die Darstellung
im Zustandsraum benutzt, da nur diese für die vorliegende Aufgabenstellung geeignet ist. Das bedeutet, daß (8.1) z.B. die Form (4.1) haben kann. Der Operator $O_A(t)$ beinhaltet also im allgemeinen ein dynamisches System und nicht nur
eine Matrix. (Im Gegensatz z.B. zu der Zustandsvektorrückkopplung im Abschnitt
4.1, in der die Ausdrücke $\underline{F}(t)$ und $\underline{G}(t)$ Matrizen darstellen.)

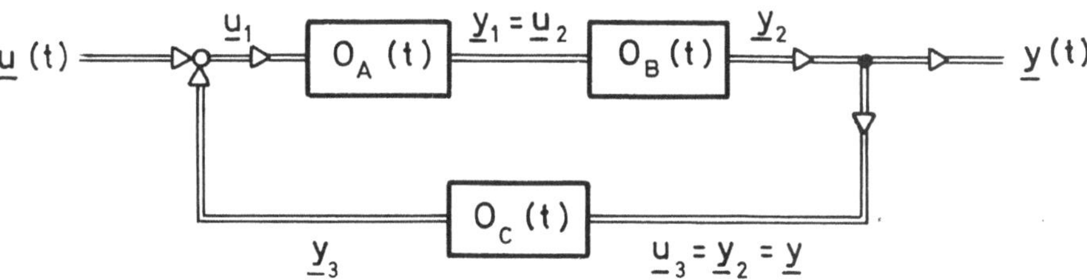

Bild 9 Allgemeiner Regelkreis

Das Rechnen mit Übertragungsoperatoren soll an dem in Bild 9 dargestellten Regelkreis demonstriert werden; eine andere Vermaschung von Systemen über Reihen-, Parallel- und Kreisschaltungen kann in entsprechender Weise behandelt werden. Dieser Operatorenrechnung liegen zwei Annahmen zugrunde:

a) Die einzelnen dynamischen Elemente, aus denen sich das Gesamtsystem zusammensetzt, sind getrennt darstellbar.

b) An den Verzweigungspunkten, Additionsstellen sowie an den anderen Kopplungsstellen zwischen den Elementen sind die betreffenden Eingangs- und Ausgangsvektoren vollständig gekoppelt.

Diese Forderungen müssen entsprechend bei der Aufgliederung des zu untersuchenden Systems berücksichtigt werden. Die Anfangsbedingungen werden stets zu Null angenommen.

Mit den in Bild 9 eingeführten Bezeichnungen gilt für den Vorwärtszweig

$$\underline{y}_2 = O_B \, \underline{u}_2 \qquad \text{und} \qquad \underline{y}_1 = O_A \, \underline{u}_1 \quad ,$$

und daraus mit $\underline{y} = \underline{y}_2$ und $\underline{y}_1 = \underline{u}_2$

$$\underline{y} = O_B \, O_A \, \underline{u}_1 \tag{8.2}$$

Für den Rückführzweig erhält man (Bild 9):

$$\underline{u}_1 = \underline{u} - \underline{y}_3 \qquad \text{und} \qquad \underline{y}_3 = O_C \, \underline{u}_3 \quad ,$$

bzw. mit $\underline{u}_3 = \underline{y}_2 = \underline{y}$

$$\underline{u}_1 = \underline{u} - O_C \, \underline{y} \tag{8.3}$$

Aus (8.2) und (8.3) errechnet sich

$$\underline{y} = O_B \, O_A \, \underline{u} - O_B \, O_A \, O_C \, \underline{y}$$

bzw.

$$(O_I + O_B \, O_A \, O_C)\underline{y} = O_B \, O_A \, \underline{u} \tag{8.4}$$

mit

$$\underline{y} = O_I \, \underline{y} \quad .$$

O_I ist dabei der Einheitsoperator, der durch eine identische Eingangs- und Ausgangsgröße gekennzeichnet ist. Die Auflösung von (8.4) nach $\underline{y}$ führt zu

$$\underline{y} = (O_I + O_B \, O_A \, O_C)^{-1} \, O_B \, O_A \, \underline{u} \tag{8.5}$$

Das hochgestellte -1 bedeutet dabei die Inverse, die dadurch definiert ist, daß das Originalsystem multipliziert mit der zugehörigen Inversen gleich dem Einheitsoperator ist (Abschnitt 7.1).

Bezeichnet man das Gesamtübertragungsverhalten des in Bild 9 dargestellten Regelkreises mit $O_H(t)$, d.h.

$$\underline{y} = O_H \, \underline{u} \quad , \tag{8.6}$$

so erhält man durch Vergleich mit (8.5) die Gleichung für das Gesamtverhalten

$$O_H = (O_I + O_B \, O_A \, O_C)^{-1} \, O_B \, O_A \tag{8.7}$$

(8.7) ist übrigens, wie sich durch eine einfache Umformung zeigen läßt, identisch mit der Beziehung

$$O_H = O_B \, O_A (O_I + O_C \, O_B \, O_A)^{-1} \tag{8.8}$$

Bei dem Rechnen mit den Operatoren ist zu beachten, daß im Gegensatz zu dem konstanten Fall die Reihenfolge der Multiplikation nicht vertauscht werden darf, d.h. im allgemeinen gilt

$$O_A(t) \, O_B(t) \neq O_B(t) \, O_A(t)$$

Diese Tatsache kann auf einfache Weise durch Gegenbeispiele bewiesen werden.

Zwei Syntheseprobleme werden in den folgenden Beispielen behandelt:

Beispiel 1

In dem Regelkreis nach Bild 9 sei die Strecke $O_B(t)$ gegeben. Diese Strecke soll durch den Regler $O_C(t)$ in der Rückführung ($O_A(t)$ ist ein Einheitselement, d.h. $O_A = O_I$) so geregelt werden, daß ein gewünschtes Gesamtübertragungsverhalten $O_H(t)$ entsteht.

Zur Lösung wird Beziehung (8.7) mit $O_A = O_I$ benutzt:

$$O_H = (O_I + O_B \, O_C)^{-1} \, O_B$$

oder

$$(O_I + O_B \, O_C) O_H = O_B$$

bzw.

$$O_B \, O_C \, O_H = O_B - O_H$$

Multipliziert man diese Beziehung von links mit O_B^{-1} und von rechts mit O_H^{-1}, so ergibt sich die Gleichung des gesuchten Regler $O_C(t)$:

$$O_C = O_H^{-1} - O_B^{-1} \qquad (8.9)$$

Beispiel 2

Im Vergleich zu dem Beispiel 1 soll in dem Regelkreis nach Bild 9 die gegebene Strecke $O_B(t)$ nun durch den Regler $O_A(t)$ in dem Vorwärtszweig geregelt werden. Der Regelkreis hat eine Einheitsrückführung ($O_C = O_I$); das gewünschte Gesamtübertragungsverhalten ist $O_H(t)$.

Aus Gleichung (8.7) folgt mit $O_C = O_I$

$$O_H = (O_I + O_B \, O_A)^{-1} \, O_B \, O_A$$

bzw. nach Multiplikation mit $O_I + O_B \, O_A$ und O_B^{-1}

$$O_A - O_A \, O_H = O_B^{-1} \, O_H$$

Daraus erhält man den gesuchten Regler $O_A(t)$ zu

$$O_A = O_B^{-1} \, O_H (O_I - O_H)^{-1} \qquad (8.10)$$

Aus den obigen Ausführungen ergibt sich, daß zu der tatsächlichen Durchführung der Rechnungen (z.B. in (8.8), (8.9) und (8.10)) die folgenden Rechenoperationen bekannt sein müssen, und zwar entsprechend zu der zugrunde gelegten Realisierung des Übertragungsoperators:

a) Addition: Sie entspricht der Parallelschaltung zweier Elemente.

b) Multiplikation: Sie entspricht der Reihenschaltung zweier Elemente.

c) Inversion: Die Inverse entspricht einem Element, das in Reihenschaltung mit dem ursprünglichen Element ein Einheitselement darstellt.

Weiterhin ist zur Rechenvereinfachung sinnvoll, jedoch als Rechenoperation nicht notwendig:

d) Kreisschaltung: Diese Gleichung gibt das Übertragungsverhalten eines Systems mit $O_A(t)$ im Vorwärtszweig und $O_C(t)$ in der Rückführung an. (Bild 9 mit $O_B = O_I$). Nach (8.7) gilt für diese Schaltung:

$$O_H = (O_I + O_B \, O_C)^{-1} \, O_B \qquad (8.11)$$

In den folgenden beiden Abschnitten werden diese Rechenoperationen bei einer Darstellung der Mehrgrößensysteme im Zustandsraum betrachtet.

8.2 Die Addition, die Multiplikation und die Kreisschaltung

Um die Addition, die Multiplikation und die Kreisschaltung zweier Elemente zu betrachten, werden die folgenden beiden Systeme $0_A(t)$ und $0_B(t)$ im Zustandsraum zugrunde gelegt.

$$0_A(t) \left\{ \begin{array}{ll} \dot{\underline{x}}_1(t) = \underline{A}_1(t)\,\underline{x}_1(t) + \underline{B}_1(t)\,\underline{u}_1(t) & (8.12a) \\[2em] \underline{y}_1(t) = \underline{C}_1(t)\,\underline{x}_1(t) + \underline{D}_1(t)\,\underline{u}_1(t) & (8.12b) \end{array} \right.$$

Dabei ist $\underline{x}_1$ der n_1-dimensionale Zustandsvektor, $\underline{u}_1$ der r_1-dimensionale Eingangsvektor und $\underline{y}_1$ der s_1-dimensionale Ausgangsvektor; die Matrizen $\underline{A}_1(t)$, $\underline{B}_1(t)$, $\underline{C}_1(t)$ und $\underline{D}_1(t)$ haben die Ordnung $n_1 \mathrm{x} n_1$, $n_1 \mathrm{x} r_1$, $s_1 \mathrm{x} n_1$ bzw. $s_1 \mathrm{x} r_1$. Das zweite System hat die Form

$$0_B(t) \left\{ \begin{array}{ll} \dot{\underline{x}}_2(t) = \underline{A}_2(t)\,\underline{x}_2(t) + \underline{B}_2(t)\,\underline{u}_2(t) & (8.13a) \\[2em] \underline{y}_2(t) = \underline{C}_2(t)\,\underline{x}_2(t) + \underline{D}_2(t)\,\underline{u}_2(t) \quad, & (8.13b) \end{array} \right.$$

$\underline{x}_2$ stellt den n_2-dimensionalen Zustandsvektor, $\underline{u}_2$ den r_2-dimensionalen Eingangsvektor und $\underline{y}_2$ den s_2-dimensionalen Ausgangsvektor dar. Die Matrizen $\underline{A}_2(t)$, $\underline{B}_2(t)$, $\underline{C}_2(t)$ und $\underline{D}_2(t)$ haben eine damit verträgliche Ordnung.

In dem jeweiligen Gesamtsystem, das durch die verschiedenen Arten der Zusammenschaltung von (8.12) und (8.13) entsteht, wird der Zustandsvektor mit $\underline{x}$, der Eingangsvektor mit $\underline{u}$ und der Ausgangsvektor mit $\underline{y}$ bezeichnet. Die zugehörigen Vektordimensionen werden n, r bzw. s genannt.

Addition

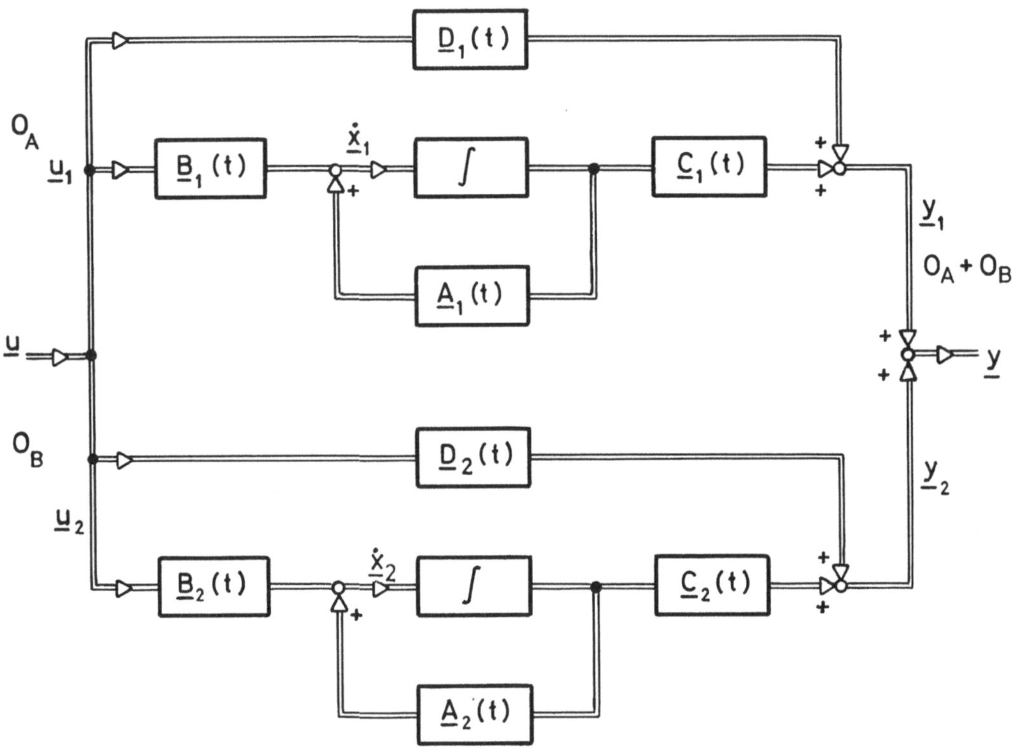

__Bild 10__   Die Addition

Bei der Parallelschaltung bzw. Addition der Systeme $O_A(t)$ und $O_B(t)$ (Bild 10) gilt definitionsgemäß für den Eingangsvektor $\underline{u}$ des Gesamtsystems

$$\underline{u} = \underline{u}_1 = \underline{u}_2 \tag{8.14}$$

und für den Ausgang $\underline{y}$ des Gesamtsystems

$$\underline{y} = \underline{y}_1 + \underline{y}_2 \quad , \tag{8.15}$$

Dabei ist die Gleichheit der entspechenden Vektordimensionen ($r_1 = r_2$ und $s_1 = s_2$) Voraussetzung.

Mit diesen Beziehungen ergibt sich für die Systeme (8.12) und (8.13)

$$\dot{\underline{x}}_1 = \underline{A}_1 \, \underline{x}_1 + \underline{B}_1 \, \underline{u}$$

$$\dot{\underline{x}}_2 = \underline{A}_2 \, \underline{x}_2 + \underline{B}_2 \, \underline{u}$$

$$\underline{y} = \underline{C}_1 \, \underline{x}_1 + \underline{C}_2 \, \underline{x}_2 + (\underline{D}_1 + \underline{D}_2) \, \underline{u}$$

Über eine Erweiterung des Zustandsvektors in der Form

$$\underline{x} = \begin{bmatrix} \underline{x}_1 \\[2em] \underline{x}_2 \end{bmatrix} \tag{8.16}$$

gewinnt man damit die Gleichung für die Parallelschaltung bzw. für die Addition der Elemente O_A und O_B:

$$O_A + O_B \begin{cases} \dot{\underline{x}} = \begin{bmatrix} \underline{A}_1 & \underline{0} \\[1em] \underline{0} & \underline{A}_2 \end{bmatrix} \underline{x} + \begin{bmatrix} \underline{B}_1 \\[1em] \underline{B}_2 \end{bmatrix} \underline{u} & \tag{8.17a} \\[3em] \underline{y} = [\underline{C}_1, \ \underline{C}_2]\underline{x} + (\underline{D}_1 + \underline{D}_2) \, \underline{u} & \tag{8.17b} \end{cases}$$

Die Dimension des Systems ist $n = n_1 + n_2$, die des Eingangsvektors $r = r_1 = r_2$ und die des Ausgangsvektors $s = s_1 = s_2$.

Multiplikation

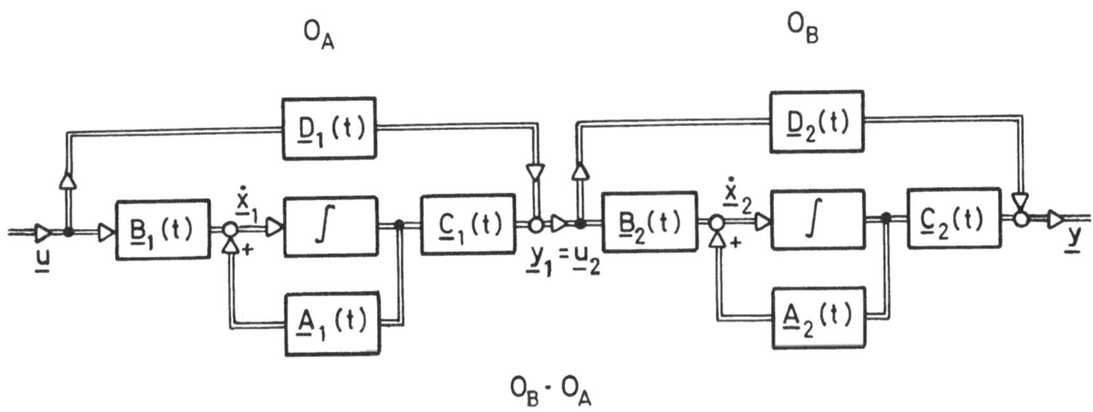

<u>Bild 11</u>   Die Multiplikation

Die Reihenschaltung der Systeme $O_A(t)$ und $O_B(t)$ (Bild 11), die der Multiplikation entspricht, ist durch folgende Beziehungen gekennzeichnet:

$$\underline{u} = \underline{u}_1 \tag{8.18}$$

$$\underline{y}_1 = \underline{u}_2 \tag{8.19}$$

$$\underline{y} = \underline{y}_2 \quad , \tag{8.20}$$

wobei eine Vertauschung der Reihenfolge von $O_A(t)$ und $O_B(t)$ im zeitvariablen Fall nicht zulässig ist. Die Dimension s_1 des Ausgangsvektor von O_A und die Dimension r_2 des Eingangsvektors von O_B werden dabei als gleich angenommen.

Mit (8.18), (8.19) und (8.20) ergibt sich für die Systeme (8.12) und (8.13)

$$\underline{\dot{x}}_1 = \underline{A}_1 \, \underline{x}_1 + \underline{B}_1 \, \underline{u}$$

$$\underline{\dot{x}}_2 = \underline{A}_2 \, \underline{x}_2 + \underline{B}_2 \, \underline{C}_1 \, \underline{x}_1 + \underline{B}_2 \, \underline{D}_1 \, \underline{u}$$

$$\underline{y} = \underline{C}_2 \, \underline{x}_2 + \underline{D}_2 \, \underline{C}_1 \, \underline{x}_1 + \underline{D}_2 \, \underline{D}_1 \, \underline{u}$$

Mit dem erweiterten Zustandsvektor (8.16) erhält man damit die Gleichung der multiplizierten Systeme O_A und O_B

$$O_B \cdot O_A \quad \left\{ \begin{array}{l} \underline{\dot{x}} = \begin{bmatrix} \underline{A}_1 & \underline{0} \\ \underline{B}_2 \, \underline{C}_1 & \underline{A}_2 \end{bmatrix} \underline{x} + \begin{bmatrix} \underline{B}_1 \\ \underline{B}_2 \, \underline{D}_1 \end{bmatrix} \underline{u} \qquad (8.21a) \\[2em] \underline{y} = [\underline{D}_2 \, \underline{C}_1, \quad \underline{C}_2] \underline{x} + \underline{D}_2 \, \underline{D}_1 \, \underline{\dot{u}} \qquad (8.21b) \end{array} \right.$$

Das System (8.21) hat die Ordnung $n = n_1 + n_2$; der Eingangsvektor $\underline{u}$ hat die Dimension r_1 und der Ausgangsvektor $\underline{y}$ die Dimension s_2.

Kreisschaltung

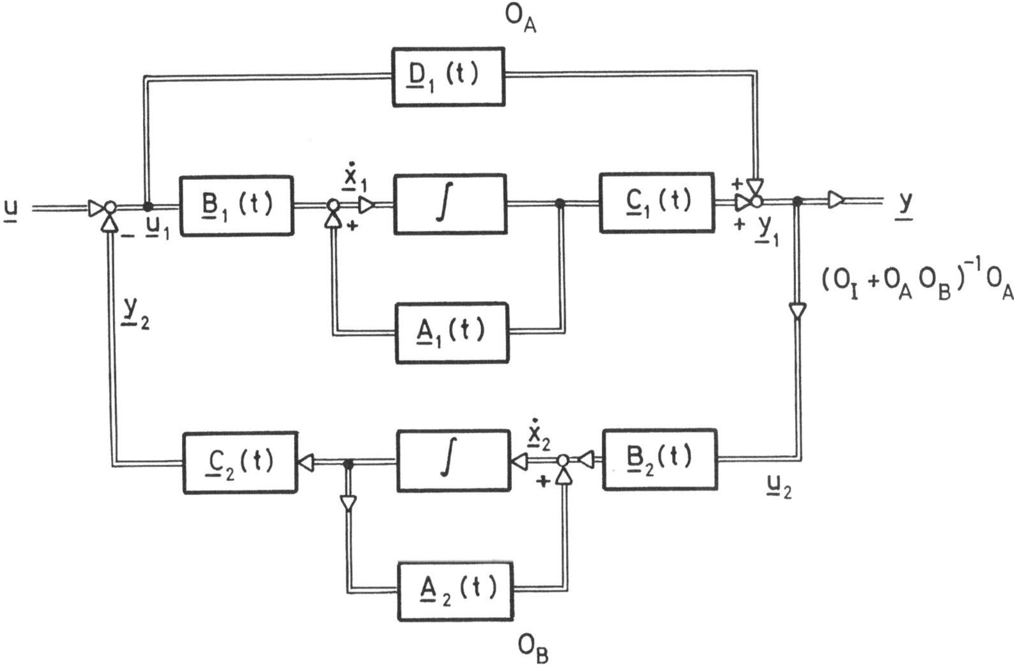

Bild 12 Die Kreisschaltung

Bei einer Kreisschaltung mit dem System $O_A(t)$ im Vorwärtszweig und dem System $O_B(t)$ in der Rückführung (Bild 12) gelten die folgenden Gesetzmäßigkeiten:

$$\underline{u} = \underline{u}_1 + \underline{y}_2 \tag{8.22}$$

$$\underline{y} = \underline{y}_1 = \underline{u}_2 \quad , \tag{8.23}$$

wobei $r_1 = s_2$ und $r_2 = s_1$ vorausgesetzt wird. Um das Gesamtsystem in der üblichen Darstellungsform im Zustandsraum beschreiben zu können, muß bei dem Element $O_B(t)$ in der Gleichung (8.13) $\underline{D}_2 = \underline{0}$ angenommen werden. Dann ergibt sich für die Systeme (8.12) und (8.13) mit (8.22) und (8.23)

$$\underline{\dot{x}}_1 = \underline{A}_1 \, \underline{x}_1 - \underline{B}_1 \, \underline{C}_2 \, \underline{x}_2 + \underline{B}_1 \, \underline{u}$$

$$\underline{\dot{x}}_2 = (\underline{A}_2 - \underline{B}_2 \, \underline{D}_1 \, \underline{C}_2)\underline{x}_2 + \underline{B}_2 \, \underline{C}_1 \, \underline{x}_1 + \underline{B}_2 \, \underline{D}_1 \, \underline{u}$$

$$\underline{y} = \underline{C}_1 \, \underline{x}_1 - \underline{D}_1 \, \underline{C}_2 \, \underline{x}_2 + \underline{D}_1 \, \underline{u}$$

Damit erhält man mit dem erweiterten Zustandsvektor (8.16) die Beschreibung
der Kreisschaltung der Elemente O_A und O_B:

$$(O_I + O_A\,O_B)^{-1}\,O_A \begin{cases} \dot{\underline{x}} = \begin{bmatrix} \underline{A}_1 & -\underline{B}_1\underline{C}_2 \\[1em] \underline{B}_2\underline{C}_1 & \underline{A}_2 - \underline{B}_2\underline{D}_1\underline{C}_2 \end{bmatrix} \underline{x} + \begin{bmatrix} \underline{B}_1 \\[1em] \underline{B}_2\underline{D}_1 \end{bmatrix} \underline{u} & (8.24a) \\[3em] \underline{y} = [\underline{C}_1, \quad -\underline{D}_1\underline{C}_2]\underline{x} + \underline{D}_1\,\underline{u} & (8.24b) \end{cases}$$

Die Ordnung des Systems (8.24) ist dabei $n = n_1 + n_2$; für die Dimension des
Eingangsvektors $\underline{u}$ und des Ausgangsvektors $\underline{y}$ gilt $r = r_1 = s_2$ bzw. $s = s_1 = r_2$.

Beispiel

Als Beispiel soll die Gleichung der Kreisschaltung der beiden nachfolgenden
Systeme ermittelt werden. Der Vorwärtszweig wird durch das System

$$O_A \begin{cases} \dot{\underline{x}}_1 = \underbrace{\begin{bmatrix} 1 & \sin t & 0 \\ 0 & 2 & 1 \\ \cos t & 0 & 1 \end{bmatrix}}_{\underline{A}_1} \underline{x}_1 + \underbrace{\begin{bmatrix} 1 \\ 0 \\ 1 \end{bmatrix}}_{\underline{B}_1} u_1 & (8.25a) \\[4em] \underline{y}_1 = \underbrace{\begin{bmatrix} 0 & 1 & 0 \\ 1 & \sin t & 1 \end{bmatrix}}_{\underline{C}_1} \underline{x}_1 + \underbrace{\begin{bmatrix} 1 \\ 0 \end{bmatrix}}_{\underline{D}_1} u_1 & (8.25b) \end{cases}$$

gebildet; das System im Rückführzweig hat die Form

$$O_B \begin{cases} \dot{\underline{x}}_2 = \underbrace{\begin{bmatrix} \cos t & 1 \\ 1 & 1 \end{bmatrix}}_{\underline{A}_2} \underline{x}_2 + \underbrace{\begin{bmatrix} 1 & 0 \\ \sin t & 2 \end{bmatrix}}_{\underline{B}_2} \underline{u}_2 & (8.26a) \\[4em] \underline{y}_2 = \underbrace{[1 \quad 0]}_{\underline{C}_2} \underline{x}_2 & (8.26b) \end{cases}$$

Nach Gleichung (8.24) ist die Berechnung der folgenden Produkte erforderlich, wobei $\underline{B}_1$, $\underline{D}_1$ und $\underline{C}_2$ in diesem Beispiel Vektoren sind:

$$\underline{B}_1 \, \underline{C}_2 = \begin{bmatrix} 1 & 0 \\ 0 & 0 \\ 1 & 0 \end{bmatrix}$$

$$\underline{B}_2 \, \underline{C}_1 = \begin{bmatrix} 0 & 1 & 0 \\ & & \\ 2 & 3\sin t & 2 \end{bmatrix}$$

$$\underline{B}_2 \, \underline{D}_1 \, \underline{C}_2 = \begin{bmatrix} 1 & 0 \\ & \\ \sin t & 0 \end{bmatrix}$$

$$\underline{D}_1 \, \underline{C}_2 = \begin{bmatrix} 1 & 0 \\ 0 & 0 \end{bmatrix}$$

Damit ergibt sich die gesuchte Gleichung der Kreisschaltung von (8.25) und (8.26):

$$\underline{\dot{x}} = \left[\begin{array}{ccc|cc} 1 & \sin t & 0 & -1 & 0 \\ 0 & 2 & 1 & 0 & 0 \\ \cos t & 0 & 1 & -1 & 0 \\ \hline 0 & 1 & 0 & -1+\cos t & 1 \\ 2 & 3\sin t & 2 & 1-\sin t & 1 \end{array} \right] \underline{x} + \begin{bmatrix} 1 \\ 0 \\ 1 \\ 1 \\ \sin t \end{bmatrix} \underline{u} \qquad (8.27a)$$

$$\underline{y} = \left[\begin{array}{ccc|cc} 0 & 1 & 0 & -1 & 0 \\ 1 & \sin t & 1 & 0 & 0 \end{array} \right] \underline{x} + \begin{bmatrix} 1 \\ 0 \end{bmatrix} \underline{u} \qquad (8.27b)$$

8.3 Die Inverse

In Kapitel 7 wurde ausführlich die Inversion von Mehrgrößensystemen behandelt.
Das dort angegebene inverse System kann (als eine der möglichen Anwendungen)
unmittelbar für die Synthese vermaschter, zeitvariabler Mehrgrößensysteme benutzt werden. Damit ist neben der Addition und der Multiplikation die dritte
grundlegende Rechenoperation, d.i. die Bildung der Inversen, gegeben. Der
Vollständigkeit halber soll das Verfahren zur Bestimmung des inversen Systems
im folgenden kurz zusammengestellt werden, wobei in den Einzelheiten auf Kapitel 7 verwiesen wird.

Es wird das System $O_A(t)$ der Gestalt

$$O_A \left\{ \begin{array}{ll} \underline{\dot{x}}(t) = \underline{A}(t)\,\underline{x}(t) + \underline{B}(t)\,\underline{u}(t) & \text{(8.28a)} \\[2ex] \underline{y}(t) = \underline{C}(t)\,\underline{x}(t) + \underline{D}(t)\,\underline{u}(t) & \text{(8.28b)} \end{array} \right.$$

betrachtet, wobei $\underline{x}$ der n-dimensionale Zustandsvektor und $\underline{u}$ und $\underline{y}$ der m-dimensionale Eingangs- bzw. Ausgangsvektor sind; die Matrizen $\underline{A}(t)$, $\underline{B}(t)$, $\underline{C}(t)$ und
$\underline{D}(t)$ haben eine dazu entsprechende Ordnung.

Das dem System (8.28) entsprechende inverse System hat die Form

$$O_A^{-1}: \left\{ \begin{array}{ll} \underline{\dot{x}}(t) = [\underline{A}(t) - \underline{B}(t)\,\underline{B}^{*-1}(t)\,\underline{A}^{*}(t)]\underline{x}(t) + \underline{B}(t)\,\underline{B}^{*-1}(t)\,\underline{y}^{*}(t) & \text{(8.29a)} \\[2ex] \underline{u}(t) = -\,\underline{B}^{*-1}(t)\,\underline{A}^{*}(t)\underline{x}(t) + \underline{B}^{*-1}(t)\,\underline{y}^{*}(t)\ , & \text{(8.29b)} \end{array} \right.$$

wobei det $\underline{B}^{*}(t) \neq 0$ vorausgesetzt wird. Die darin auftretenden Größen $\underline{y}^{*}(t)$,
$\underline{A}^{*}(t)$ und $\underline{B}^{*}(t)$ haben die folgende Struktur:

$$\underline{y}^{*}(t) = \begin{bmatrix} y_1^{(\rho_1)} \\ \vdots \\ y_i^{(\rho_i)} \\ \vdots \\ y_m^{(\rho_m)} \end{bmatrix}, \tag{8.30}$$

wobei (für $i = 1,2,\ldots,m$) y_i die i-te Komponente der Ausgangsgröße $\underline{y}(t)$ und
ρ_i die dazugehörige Differenzordnung ist. Bezeichnet man mit $\underline{c}_i$ die i-te Zei-

le $(i = 1,2,\ldots,m)$ von $\underline{C}(t)$, so gilt für die mxn bzw. mxm Matrizen $\underline{A}^*(t)$ und $\underline{B}^*(t)$

$$\underline{A}^*(t) = \begin{bmatrix} L_A^{\rho_1}\underline{c}_1 \\ \vdots \\ L_A^{\rho_i}\underline{c}_i \\ \vdots \\ L_A^{\rho_m}\underline{c}_m \end{bmatrix} \qquad (8.31)$$

$$\underline{B}^*(t) = \begin{bmatrix} (L_A^{\rho_1-1}\underline{c}_1)\underline{B} \\ \vdots \\ (L_A^{\rho_i-1}\underline{c}_i)\underline{B} \\ \vdots \\ (L_A^{\rho_m-1}\underline{c}_m)\underline{B} \end{bmatrix} \qquad (8.32)$$

Für $\underline{B}^*(t)$ gilt dabei

$$(L_A^{\rho_i-1}\underline{c}_i)\underline{B} \rightarrow \underline{d}_i \qquad \text{für } \rho_i = 0 \qquad (8.33)$$

$$i = 1,2,\ldots,m \quad,$$

wobei $\underline{d}_i$ die i-te Zeile von $\underline{D}(t)$ ist.

Die Differenzordnung $\rho_i = 0,1,2,\ldots$ hat die folgende Definition, die die in Abschnitt 7.2 gegebenen Definitionen für ρ_i enthält:

Allgemeine Definition für ρ_i

Betrachtet wird das System (8.28). Wenn für alle t innerhalb $[t_o,\infty)$ gilt:

$$\underline{d}_i(t) \neq \underline{0} \quad, \qquad (8.34)$$

so ist $\rho_i = 0$ die Differenzordnung bezüglich der i-ten Ausgangsgröße y_i $(i = 1,2,\ldots,m)$. Wenn die Bedingung (8.34) nicht erfüllt ist und somit für alle t innerhalb $[t_o, \infty)$ gilt

$$\underline{d}_i(t) = \underline{0} \qquad\qquad\qquad (8.35a)$$

$$(L_A^{\gamma_i} \underline{c}_i)\underline{B} = \underline{0} \qquad\qquad \text{für } 0 \leq \gamma_i < \rho_i - 1 \qquad (8.35b)$$

und

$$(L_A^{\gamma_i - 1} \underline{c}_i)\underline{B} \neq \underline{0} \qquad\qquad\qquad (8.35c)$$

ist, so ist die durch die Gleichungen (8.35b) und (8.35c) gegebene Größe ρ_i die Differenzordnung bezüglich der i-ten Ausgangsgröße $(i = 1,2,\ldots,m)$.

Für die Bildung des inversen Systems (8.29) besteht die Voraussetzung, daß die Matrix $\underline{B}^*(t)$ (Gl. (8.32)) nichtsingulär ist. Wie aus (8.33) ersichtlich ist, muß deshalb als erste Bedingung $\underline{D}(t)$ so beschaffen sein, daß alle Zeilen, die ungleich Null sind, linear unabhängig sind. Wenn das nicht der Fall ist, können die linear abhängigen Zeilen in $\underline{D}(t)$ durch eine Transformation der Gleichung (8.28b) nach (7.25) bis (7.29) in Abschnitt 7.2 eliminiert werden. Dieses Vorgehen verkompliziert jedoch das Syntheseverfahren, da nun gemäß (7.28) die Komponenten des Eingangsvektors der Inversen nicht mehr unmittelbar den Komponenten bzw. den Ableitungen der Komponenten von $\underline{y}$ entsprechen, sondern sich aus Linearkombinationen dieser Komponenten zusammensetzen. In stärkerem Maße trifft das zu, wenn $\underline{B}^*(t)$ nichtsingulär ist und somit als Hilfsmaßnahme die Gleichung (7.20) für $\underline{y}^*(t)$ (Abschnitt 7.2) in entsprechender Weise, wie eben bei (8.28b) beschrieben, transformiert werden muß. Aus diesem Grunde ist auch die in [36] angegebene Inverse für das Syntheseproblem wenig geeignet, da dort nach jedem Differentiationsschritt grundsätzlich diese Transformation durchgeführt wird, während sie bei dem hier angegebenen Verfahren nur als Hilfsmaßnahme bei det $\underline{B}^*(t) = 0$ benutzt wird.

Bei dem Rechnen mit der Inversen (8.29) ist zu beachten, daß die Komponenten der Eingangsgröße $\underline{y}^*$ (entsprechend der Differenzordnung ρ_i) differenzierte Größen sind. In einer Reihen- oder Kreisschaltung muß daher die mit dieser Eingangsgröße $\underline{y}^*$ verkoppelte Ausgangsgröße in derselben Form auftreten. Das kann bei dem betreffenden System durch ρ_i-malige Differentiation jeder Zeile der Ausgangsgleichung und jeweiliges Einsetzen der Zustandsgleichung erzielt

werden. Bei der Verkopplung mit einer Eingangsgröße in einer Parallelschaltung
müssen die Komponenten der Eingangsgröße, die in differenzierter Form auftreten, in dem Gesamtsystem durch Zustandsvariable ausgedrückt werden, was im
allgemeinen möglich ist (vgl. Kapitel 6 in [22]). Diese Methode kann auch dann
angewandt werden, wenn der Eingangsvektor _zusätzlich_ in differenzierter Form
auftritt.

8.4 Ein Systementwurf

Das beschriebene Syntheseverfahren stellt die einzige Möglichkeit dar, ver-
maschte zeitvariable Mehrgrößensysteme zu berechnen. Dabei treten jedoch
Voraussetzungen und Beschränkungen auf, auf die in den Abschnitten 8.1 und
8.3, insbesondere in dem Zusammenhang mit der Inversen, hingewiesen wurde.
Das Syntheseverfahren kann daher nicht schematisch gehandhabt werden, sondern
verlangt u.U. Umstrukturierungen und zusätzliche Überlegungen, um den Bereich
der zu erfassenden Syntheseaufgaben zu erweitern.

Von vornherein ist eine minimale Systemordnung der Zusammenschaltung von
mehreren Systemen nicht zu erreichen, denn beispielsweise bei der Reihenschaltung ist die Steuerbarkeit und Beobachtbarkeit der beiden Elemente nur
eine notwendige, jedoch keine hinreichende Bedingung für die Steuerbarkeit
und Beobachtbarkeit des Gesamtsystems, wie auch an dem Beispiel in dem folgenden Systementwurf deutlich wird. Bisher liegen keine Ergebnisse über die
Steuerbarkeit und Beobachtbarkeit zusammengesetzter zeitvariabler Systeme
vor; es ist jedoch anzunehmen, daß eine nachfolgende Prüfung und eventuelle
Reduzierung der Gleichung der Zusammenschaltung in jedem Falle einfacher sein
wird. Die Reduzierung ist dabei häufig unmittelbar möglich, d.h. die Durchführung einer Reduzierungstransformation nach Abschnitt 2.2 und 2.3 ist nicht
erforderlich. (Vgl. Gln. (8.43) und (8.44) in dem folgenden Entwurf.)

Das dargestellte Syntheseverfahren soll an dem folgenden Systementwurf demonstriert werden:

Es ist eine Regelstrecke $O_B(t)$ der Form

$$
O_B \quad
\begin{cases}
\underline{\dot{x}}_2 = \begin{bmatrix} 0 & 1 \\ -a(t) & 0 \end{bmatrix} \underline{x}_2 + \begin{bmatrix} 1 & 2 \\ 1 & 0 \end{bmatrix} \underline{u}_2 & \text{(8.36a)} \\[3em]
\underline{y}_2 = \begin{bmatrix} 1 & 0 \\ 0 & b(t) \end{bmatrix} \underline{x}_2 & \text{(8.36b)}
\end{cases}
$$

Die mit $\underline{A}$, $\underline{B}$, $\underline{C}$ bezeichneten Matrizen.

gegeben, wobei $b(t) \neq 0$ ist.

Diese Strecke soll durch einen Regler $O_A(t)$ im Vorwärtszweig und eine Einheitsrückführung (Bild 9 mit $O_C = O_I$) so geregelt werden, daß das gewünschte Gesamtverhalten O_H ein entkoppeltes System der Form

$$
O_H \quad
\begin{cases}
\underline{\dot{x}} = \begin{bmatrix} -2 & 0 \\ 0 & -1 \end{bmatrix} \underline{x} + \begin{bmatrix} 1 & 0 \\ 0 & 1 \end{bmatrix} \underline{u} & \text{(8.37a)} \\[3em]
\underline{y} = \begin{bmatrix} 1 & 0 \\ 0 & 1 \end{bmatrix} \underline{x} & \text{(8.37b)}
\end{cases}
$$

ist. Das Ergebnis ist in allgemeiner Form in dem Beispiel 2 des Abschnittes 8.1 berechnet worden; wo sich für den gesuchten Regler O_A (Gl. (8.10))

$$
O_A = O_B^{-1} O_H (O_I - O_H)^{-1} \tag{8.38}
$$

ergab. Der darin enthaltene Ausdruck

$$
O_P = O_H (O_I - O_H)^{-1} \tag{8.39}
$$

kann entweder konventionell berechnet werden, da das Gesamtsystem O_H konstante Koeffizienten hat, oder nach den Gleichungen (8.17), (8.29) und (8.21):

$$\text{O}_P \left\{ \begin{aligned} \underline{\dot{x}}_3 &= \begin{bmatrix} -1 & 0 \\ 0 & 0 \end{bmatrix} \underline{x}_3 + \begin{bmatrix} 1 & 0 \\ 0 & 1 \end{bmatrix} \underline{u}_1 \qquad (8.40a) \\[2em] \underline{y}_2 &= \begin{bmatrix} 1 & 0 \\ 0 & 1 \end{bmatrix} \underline{x}_3 \qquad\qquad (8.40b) \end{aligned} \right.$$

Die Gleichung (8.38) erfordert weiterhin die Inversion der Streckengleichung (8.36), die nach Abschnitt 8.3 durchgeführt werden kann:

Für die Differenzordnungen ergibt sich mit den Definitionsgleichungen (8.35)

$$\underline{c}_1 \, \underline{B} = \begin{bmatrix} 1 & 2 \end{bmatrix} \neq \underline{0} \ , \qquad \text{d.h. } \rho_1 = 1$$

$$\underline{c}_2 \, \underline{B} = \begin{bmatrix} b & 0 \end{bmatrix} \neq \underline{0} \ , \qquad \text{d.h. } \rho_2 = 1, \quad \text{da } b(t) \neq 0.$$

Damit erhält man aus (8.31) und (8.32)

$$\underline{A}^*(t) = \begin{bmatrix} 0 & 1 \\ -ab & \dot{b} \end{bmatrix}$$

und

$$\underline{B}^*(t) = \begin{bmatrix} 1 & 2 \\ b & 0 \end{bmatrix} \ ,$$

bzw., da $b(t) \neq 0$ ist,

$$\underline{B}^{*-1} = \begin{bmatrix} 0 & \dfrac{1}{b} \\[1em] \dfrac{1}{b} & -\dfrac{1}{2b} \end{bmatrix}$$

Die Gleichung der Inversen errechnet sich durch (8.29), wobei nach (8.30) $\underline{\dot{y}}_2$ der Eingang ist:

$$\underline{\dot{x}}_2 = \begin{bmatrix} 0 & 0 \\ 0 & -\dfrac{\dot{b}}{b} \end{bmatrix} \underline{x}_2 + \begin{bmatrix} 1 & 0 \\ 0 & \dfrac{1}{b} \end{bmatrix} \underline{\dot{y}}_2 \qquad\qquad (8.41a)$$

$$O_B^{-1} \left\{ \rule{0pt}{80pt}\right.$$

$$\underline{u}_2 = \begin{bmatrix} a & -\dfrac{\dot{b}}{b} \\ -\dfrac{a}{2} & \dfrac{1}{2}\left(\dfrac{\dot{b}}{b}-1\right) \end{bmatrix} \underline{x}_2 + \begin{bmatrix} 0 & \dfrac{1}{b} \\ \dfrac{1}{2} & -\dfrac{1}{2b} \end{bmatrix} \underline{\dot{y}}_2 \qquad\qquad (8.41b)$$

Aus den Gleichungen (8.38) und (8.39) folgt, daß sich der Regler durch die Multiplikation der Systeme (8.40) und (8.41) ergibt. Bei der Durchführung der Multiplikation (Abschnitt 8.2) ist zu beachten, daß die Eingangsgröße $\underline{\dot{y}}_2$ des Systems (8.41) in einmal differenzierter Form auftritt, so daß entsprechend der Ausgang $\underline{y}_2$ von (8.40) differenziert werden muß. Dabei ergibt sich für (8.40b)

$$\underline{\dot{y}}_2 = \begin{bmatrix} 1 & 0 \\ 0 & 1 \end{bmatrix} \underline{\dot{x}}_3$$

bzw. mit (8.40a)

$$\underline{\dot{y}}_2 = \begin{bmatrix} -1 & 0 \\ 0 & 0 \end{bmatrix} \underline{x}_3 + \begin{bmatrix} 1 & 0 \\ 0 & 1 \end{bmatrix} \underline{u}_1 \qquad\qquad (8.42)$$

Die Gleichung (8.42) tritt also bei dieser Multiplikation an die Stelle der Ausgangsgleichung (8.40b). Bezeichnet man, der Reihenfolge der Systeme entsprechend, die Systemmatrizen des Systems (8.40a) und (8.42) mit $\underline{A}_1$, $\underline{B}_1$, $\underline{C}_1$ und $\underline{D}_1$ und die des Systems (8.41) mit $\underline{A}_2$, $\underline{B}_2$, $\underline{C}_2$ und $\underline{D}_2$, so erhält man gemäß (8.21)

$$\underline{B}_2\,\underline{C}_1 = \begin{bmatrix} -1 & 0 \\ 0 & 0 \end{bmatrix}$$

$$\underline{B}_2\,\underline{D}_1 = \begin{bmatrix} 1 & 0 \\ 0 & \dfrac{1}{b} \end{bmatrix}$$

$$\underline{D}_2\,\underline{C}_1 = \begin{bmatrix} 0 & 0 \\[2mm] -\dfrac{1}{2} & 0 \end{bmatrix}$$

$$\underline{D}_2\,\underline{D}_1 = \begin{bmatrix} 0 & \dfrac{1}{b} \\[2mm] \dfrac{1}{2} & -\dfrac{1}{2b} \end{bmatrix} \quad ,$$

Durch Multiplikation der Systeme (8.40) und (8.41) entsteht damit das folgende System, wobei am Schluß $\underline{u}_2 = \underline{y}_1$ (Bild 9) berücksichtigt wurde:

$$O_B^{-1}\,O_P \left\{ \begin{bmatrix} \underline{\dot{x}}_3 \\[4mm] \underline{\dot{x}}_2 \end{bmatrix} = \begin{bmatrix} -1 & 0 & 0 & 0 \\ 0 & 0 & 0 & 0 \\ -1 & 0 & 0 & 0 \\ 0 & 0 & 0 & -\dfrac{\dot{b}}{b} \end{bmatrix} \begin{bmatrix} \underline{x}_3 \\[4mm] \underline{x}_2 \end{bmatrix} + \begin{bmatrix} 1 & 0 \\ 0 & 1 \\ 1 & 0 \\ 0 & \dfrac{1}{b} \end{bmatrix} \underline{u}_1 \right. \tag{8.43a}$$

$$\underline{y}_1 = \begin{bmatrix} 0 & 0 & a & -\dfrac{\dot{b}}{b} \\[2mm] -\dfrac{1}{2} & 0 & -\dfrac{a}{2} & \dfrac{1}{2}\left(\dfrac{\dot{b}}{b}-1\right) \end{bmatrix} \begin{bmatrix} \underline{x}_3 \\[4mm] \underline{x}_2 \end{bmatrix} + \begin{bmatrix} 0 & \dfrac{1}{b} \\[2mm] \dfrac{1}{2} & -\dfrac{1}{2b} \end{bmatrix} \underline{u}_1 \tag{8.43b}$$

Diese Gleichung ist eine Darstellung des gesuchten Reglers $O_A(t)$, nachdem die in (8.38) beschriebenen Rechenoperationen durchgeführt wurden. Dieses System kann auf einfache Weise in der Ordnung reduziert werden, da in der Zustandsgleichung (8.43a) die erste und dritte Zeile (und damit die erste und dritte Komponente des Zustandsvektors) identisch sind. Außerdem beeinflußt die zweite Komponente des Zustandsvektors das System weder über die Zustandsmatrix noch über die Ausgangsmatrix, so daß sie für die Beschreibung des Eingang-Ausgang-Verhaltens nicht erforderlich ist. Da die Anfangsbedingungen generell zu Null angenommen werden, folgt damit unmittelbar für das gegenüber (8.43) reduzierte System:

$$O_A \begin{cases} \underline{\dot{x}} = \begin{bmatrix} -1 & 0 \\ 0 & -\dfrac{\dot{b}}{b} \end{bmatrix} \underline{x} + \begin{bmatrix} 1 & 0 \\ 0 & \dfrac{1}{b} \end{bmatrix} \underline{u}_1 & \text{(8.44a)} \\[6ex] \underline{y}_1 = \begin{bmatrix} a & -\dfrac{\dot{b}}{b} \\ -\dfrac{1}{2}(a+1) & \dfrac{1}{2}(\dfrac{\dot{b}}{b}-1) \end{bmatrix} \underline{x} + \begin{bmatrix} 0 & \dfrac{1}{b} \\ \dfrac{1}{2} & -\dfrac{1}{2b} \end{bmatrix} \underline{u}_1 & \text{(8.44b)} \end{cases}$$

wobei $a = a(t)$, $b = b(t)$ und $\dot{b} = \dot{b}(t)$ ist.

Die Gleichung (8.44) beschreibt damit den gesuchten Regler $O_A(t)$ der minimalen Ordnung, der die Strecke (8.36) derart regelt, daß das Gesamtsystem das in (8.37) vorgegebene, entkoppelte Verhalten mit konstanten Koeffizienten hat.

Literaturverzeichnis

[1]   L.A. Zadeh
"Frequency analysis of variable networks"
Proc. IRE, vol. 38, March 1950, pp. 291-299

[2]   S.V. Malchikov
"Synthesis of linear automatic control systems with variable parameters"
Automation and Remote Control, vol. 20, December 1959, pp. 1543-1549

[3]   A.V. Solodov
"Linear automatic control systems with varying parameters"
American Elsevier Publishing Co. Inc., New York 1966, 267 pp. (Moskau, 1962, in Russisch)

[4]   H. D'Angelo
"Linear time-varying systems"
Allyn and Bacon, Inc., Boston, 1970

[5]   L.A. Zadeh and C.A. Desoer
"Linear system theory"
McGraw-Hill Book Co. Inc., New York, 1963, 628 pp.

[6]   L.M. Silverman and H.E. Meadows
"Controllability and time-variable unilateral networks"
IEEE Trans. Circuit Theory, vol. CT-12, Sept. 1965, pp. 308-313

[7]   L.M. Silverman
"Representation and realization of time-variable linear systems"
Tech. Report 94, Office of Naval Research, Columbia Univ. (Ph.D. Dissertation) 1966

[8]   R.E. Kalman
"Mathematical description of linear dynamical systems"
SIAM J. Control, vol. 1, no. 2, 1963, pp. 152-192

[9]   D.G. Luenberger
"Canonical forms for linear multivariable systems"
IEEE Trans. Autom. Control, vol. AC-12, June 1967, pp. 290-293

[10] R.S. Bucy
"Canonical forms for multivariable systems"
IEEE Trans. Autom. Control, vol. AC-13, October 1968, pp. 567-569

[11] C.E. Seal and A.R. Stubberud
"Canonical forms for multiple-input time-variable systems"
IEEE Trans. Autom. Control, vol. AC-14, December 1969, pp. 704-707

[12] B.D.O. Anderson and D.G. Luenberger
"Design of multivariable feedback systems"
Proc. IEE, vol 114, no. 3, March 1967, pp. 395-399

[13] E. Freund
"Die phasenvariable kanonische Form für zeitvariable Mehrgrößensysteme"
Electronics Letters, vol. 6, no. 3, February 1970, pp. 78-79

[14] E. Freund

"An algorithm for the phase-variable canonical form of time-variable multivariable systems" Proc. Houston Conference on Circuits, Systems and Computers, April 1970, Houston, pp. 505-514.

[15] L.M. Silverman

"Transformation of time-variable systems to canonical (phase-variable) form" IEEE Trans. Automatic Control, vol. AC-11, April 1966, pp. 300-303

[16] P.L. Falb and W.A. Wolovich

"On the decoupling of multivariable systems" Proc. Joint Automatic Control Conf., June 1967, Philadelphia, pp. 791-796.

[17] P.L. Falb and W. A. Wolovich

"Decoupling in the design on synthesis of multi-variable control systems" IEEE Trans. Autom. Control, vol. AC-12, December 1967, pp. 651-659

[18] E. Freund

"Die Entkopplung und die Bestimmung der Inversen bei zeitvariablen Mehrgrößensystemen" Electronics Letters, vol. 5, no. 4, February 1969, pp. 73-75

[19] W.A. Porter

"Decoupling of and inverses for time-varying linear systems" IEEE Trans. Autom. Control, vol. AC-14, August 1969, pp. 378-380

[20] E. Freund

"Über die Differenzordnung bei der Darstellung von zeitvariablen Systemen im Zustandsraum" Regelungstechnik und Prozeß-Datenverarbeitung, 18. Jahrg., Heft 5, Mai 1970, S. 220-221

[21] E. Freund

"Die Bestimmung der skalaren Differentialgleichung aus der Darstellung im Zustandsraum bei linearen zeitvariablen Systemen" Regelungstechnik, 17. Jahrg., Heft 5, Mai 1969, S. 219-222

[22] E. Freund

"Über die Synthese linearer zeitvariabler Systeme" Dissertation, Techn. Universität Berlin, Februar 1968

[23] E. Freund

"Über die Dynamikänderung bei entkoppelten zeit-variablen Mehrgrößensystemen" Regelungstechnik und Prozeß-Datenverarbeitung, 18. Jahrg. Heft 1, Januar 1970, S. 32-33

[24] I.H. Mufti

"On the observability of decoupled systems" IEEE Trans. Autom. Control, vol. AC-14, February 1969, pp. 75-77

[25] E. Freund

"Die Beobachtbarkeit von entkoppelten zeitvariablen Mehrgrößensystemen" Electronics Letters, vol. 6, no. 2, Januar 1970, pp. 26-28

[26]   R.W. Bass and   "High order systems design via state space
        I. Gura   considerations"
                              Proc. Joint Automatic Control.Conf., June 1965,
                              Troy, New York, pp. 311-318

[27]   B.S. Morgan   "Sensitivity analysis and synthesis of multi-
                              variable systems"
                              IEEE Trans. Autom. Control, vol. AC-11, July 1966,
                              pp. 506-512.

[28]   W.A. Wolovich   "On the stabilization of controllable systems"
                              IEEE Trans. Autom. Control, vol. AC-13, October
                              1968, pp. 569-672

[29]   R.E. Kalman   "Contributions to the theory of optimal control"
                              Bol. Soc. Mat., Mex., vol. 5, 1960, pp. 102-119

[30]   R. E. Kalman and   "Control system analysis and design via the
        J.E. Bertram   second method of Lyapunov,-I continuous-time
                              systems"
                              Trans. ASME, ser. D, J. Basic Engrg., vol. 82,
                              June 1960, pp. 371-393

[31]   D.G. Luenberger   "Determination of the state of linear systems
                              with observers of low dynamic order"
                              Ph.D. Dissertation, Stanford University, Cal. 1963,

[32]   D.G. Luenberger   "Observing the state of a linear system"
                              IEEE Trans. Military Electronics, vol. MIL-8,
                              April 1964, pp. 74-80

[33]   D.G. Luenberger   "Observers for multivariable systems"
                              IEEE Trans. Autom. Control, vol. AC-11, April 1966,
                              pp. 190-197

[34]   W.A. Wolovich   "On the state estimation of observable systems"
                              Proc. Joint Automatic Control Conf., June 1968,
                              Ann Arbor, Michigan, pp. 210-223

[35]   R.E. Kalman and   "New results in linear filtering and prediction
        R.S. Bucy   theory"
                              Trans. ASME, ser. D, J. Basic Engrg., March 1961,
                              pp. 95-108

[36]   L.M. Silverman   "Inversion of multivariable linear systems"
                              Proc. Joint Automatic Control Conf., June 1969,
                              Boulder, Colorado, pp. 853-859

[37]   D.C. Youla and   "On the inverse of linear dynamical systems"
        P. Dorato   Electrophysics Memo PIBMRI-1319-66, March 1966,
                              Polytechnic Institute of Brooklyn,

[38]   M.K. Sain and   "Invertibility of linear, time-invariant dynamical
        J.L. Massey   systems"
                              IEEE Trans. Automatic Control, vol. AC-14, April
                              1969, pp. 141-149

[39]   R.W. Brockett   "Poles, zeros and feedback: state space inter-
                            pretation"
                            IEEE Trans. Autom. Control, vol. AC-10, April
                            1965, pp. 129-135

[40]   S.V. Malchikov   "Synthesis of linear automatic control systems
                            with variable parameters"
                            Automation and Remote Control, vol. 20, December
                            1959, pp. 1543-1549

[41]   C.T. Leondes   "Modern control system theory"
                            McGraw Hill Book Co., New York, 1965
                            Chapter 1   A.R. Stubberud "Linear time-variable
                                        system synthesis techniques"

[42]   A.R. Stubberud   "A technique for the synthesis of linear non-
                            stationary feedback systems, part II: the
                            synthesis problem"
                            IEEE Trans. Appl. and Ind., vol. 82, 1963,
                            pp. 192-196

[43]   E. Freund   "Über den Entwurf linearer zeitvariabler Systeme"
                            Electronics Letters, vol. 5, no. 15, July 1969,
                            pp. 343-344

[44]   E. Freund   "Über die Synthese linearer zeitvariabler Systeme"
                            Regelungstechnik und Prozeß-Datenverarbeitung,
                            18. Jahrg., Heft 7, Juli 1970, S. 309-315

[45]   E. Freund   "The design of time-variable multivariable systems
                            by decoupling and by the inverse"
                            IEEE Trans. Autom. Control, vol. AC-16, April 1971

Lecture Notes in Economics
and Mathematical Systems

Vol. 1: H. Bühlmann, H. Loeffel, E. Nievergelt, Einführung in die Theorie und Praxis der Entscheidung
bei Unsicherheit. 2. Auflage, IV, 125 Seiten 4°. 1969. DM 12, –

Vol. 2: U. N. Bhat, A Study of the Queueing Systems M/G/1 and GI/M/1. VIII, 78 pages. 4°. 1968. DM 8,80

Vol. 3: A. Strauss, An Introduction to Optimal Control Theory. VI, 153 pages. 4°. 1968. DM 14, –

Vol. 4: Einführung in die Methode Branch and Bound. Herausgegeben von F. Weinberg.
VIII, 159 Seiten. 4°. 1968. DM 14, –

Vol. 5: L. Hyvärinen, Information Theory for Systems Engineers. VIII, 205 pages. 4°. 1968. DM 15,20

Vol. 6: H. P. Künzi, O. Müller, E. Nievergelt, Einführungskursus in die dynamische Programmierung.
IV, 103 Seiten. 4°. 1968. DM 9, –

Vol. 7: W. Popp, Einführung in die Theorie der Lagerhaltung. VI, 173 Seiten. 4°. 1968. DM 14,80

Vol. 8: J. Teghem, J. Loris-Teghem, J. P. Lambotte, Modèles d'Attente M/G/1 et GI/M/1 à Arrivées et
Services en Groupes. IV, 53 pages. 4°. 1969. DM 6, –

Vol. 9: E. Schultze, Einführung in die mathematischen Grundlagen der Informationstheorie.
VI, 116 Seiten. 4°. 1969. DM 10, –

Vol. 10: D. Hochstädter, Stochastische Lagerhaltungsmodelle. VI, 269 Seiten. 4°. 1969. DM 18, –

Vol. 11/12: Mathematical Systems Theory and Economics. Edited by H. W. Kuhn and G. P. Szegö.
VIII, IV, 486 pages. 4°. 1969. DM 34, –

Vol. 13: Heuristische Planungsmethoden. Herausgegeben von F. Weinberg und C. A. Zehnder.
II, 93 Seiten. 4°. 1969. DM 8, –

Vol. 14: Computing Methods in Optimization Problems. Edited by A. V. Balakrishnan.
V, 191 pages. 4°. 1969. DM 14, –

Vol. 15: Economic Models, Estimation and Risk Programming: Essays in Honor of Gerhard Tintner.
Edited by K. A. Fox, G. V. L. Narasimham and J. K. Sengupta. VIII, 461 pages. 4°. 1969. DM 24, –

Vol. 16: H. P. Künzi und W. Oettli, Nichtlineare Optimierung: Neuere Verfahren, Bibliographie.
IV, 180 Seiten. 4°. 1969. DM 12, –

Vol. 17: H. Bauer und K. Neumann, Berechnung optimaler Steuerungen, Maximumprinzip
und dynamische Optimierung. VIII, 188 Seiten. 4°. 1969. DM 14, –

Vol. 18: M. Wolff, Optimale Instandhaltungspolitiken in einfachen Systemen. V, 143 Seiten. 4°. 1970. DM 12, –

Vol. 19: L. Hyvärinen, Mathematical Modeling for Industrial Processes. VI, 122 pages. 4°. 1970. DM 10, –

Vol. 20: G. Uebe, Optimale Fahrpläne. IX, 161 Seiten. 4°. 1970. DM 12, –

Vol. 21: Th. Liebling, Graphentheorie in Planungs- und Tourenproblemen am Beispiel des
städtischen Straßendienstes. IX, 118 Seiten. 4°. 1970. DM 12, –

Vol. 22: W. Eichhorn, Theorie der homogenen Produktionsfunktion. VIII, 119 Seiten. 4°. 1970. DM 12, –

Vol. 23: A. Ghosal, Some Aspects of Queueing and Storage Systems.
IV, 93 pages. 4°. 1970. DM 10, –

Vol. 24: Feichtinger, Lernprozesse in stochastischen Automaten. V, 66 Seiten. 4°. 1970. DM 6, –

Vol. 25: R. Henn und O. Opitz, Konsum- und Produktionstheorie I. II, 124 Seiten. 4°. 1970. DM 10, –

Vol. 26: D. Hochstädter und G. Uebe, Ökonometrische Methoden. XII, 250 Seiten. 4°. 1970. DM 18, –

Vol. 27: I. H. Mufti, Computational Methods in Optimal Control Problems.
IV, 45 pages. 4°. 1970. DM 6, –

Vol. 28: Theoretical Approaches to Non-Numerical Problem Solving. Edited by R. B. Banerji and
M. D. Mesarovic. VI, 466 pages. 4°. 1970. DM 24, –

Vol. 29: S. E. Elmaghraby, Some Network Models in Management Science.
III, 177 pages. 4°. 1970. DM 16, –

Bitte wenden/Continued

Vol. 30: H. Noltemeier, Sensitivitätsanalyse bei diskreten linearen Optimierungsproblemen.
VI, 102 Seiten. 4°. 1970. DM 10,–

Vol. 31: M. Kühlmeyer, Die nichtzentrale t-Verteilung. II, 106 Seiten. 4°. 1970. DM 10,–

Vol. 32: F. Bartholomes und G. Hotz, Homomorphismen und Reduktionen linearer Sprachen.
XII, 143 Seiten. 4°. 1970. DM 14,–

Vol. 33: K. Hinderer, Foundations of Non-stationary Dynamic Programming with Discrete Time Parameter.
VI, 160 pages. 4°. 1970. DM 16,–

Vol. 34: H. Störmer, Semi-Markoff-Prozesse mit endlich vielen Zuständen. Theorie und Anwendungen.
VII, 128 Seiten. 4°. 1970. DM 12,–

Vol. 35: F. Ferschl, Markovketten. VI, 168 Seiten. 4°. 1970. DM 14,–

Vol. 36: M. P. J. Magill, On a General Economic Theory of Motion. VI, 95 pages. 4°. 1970. DM 10,–

Vol. 37: H. Müller-Merbach, On Round-Off Errors in Linear Programming.
VI, 48 pages. 4°. 1970. DM 10,–

Vol. 38: Statistische Methoden I, herausgegeben von E. Walter. VIII, 338 Seiten. 4°. 1970. DM 22,–

Vol. 39: Statistische Methoden II, herausgegeben von E. Walter. IV, 155 Seiten. 4°. 1970. DM 14,–

Vol. 40: H. Drygas, The Coordinate-Free Approach to Gauss-Markov Estimation.
VIII, 113 pages. 4°. 1970. DM 12,–

Vol. 41: U. Ueing, Zwei Lösungsmethoden für nichtkonvexe Programmierungsprobleme.
IV, 92 Seiten. 4°. 1971. DM 16,–

Vol. 42: A.V. Balakrishnan, Introduction to Optimization Theory in a Hilbert Space.
IV, 153 pages. 4°. 1971. DM 16,–

Vol. 43: J. A. Morales, Bayesian Full Information Structural Analysis. VI, 154 pages. 4°. 1971. DM 16,–

Vol. 44: G. Feichtinger, Stochastische Modelle demographischer Prozesse.
XIII, 404 pages. 4°. 1971. DM 28,–

Vol. 45: K. Wendler, Hauptaustauschschritte (Principal Pivoting). II, 64 pages. 4°. 1971. DM 16,–

Vol. 46: C. Boucher, Leçons sur la théorie des automates mathématiques.
VIII, 193 pages. 4°. 1971. DM 18,–

Vol. 47: H. A. Nour Eldin, Optimierung linearer Regelsysteme mit quadratischer Zielfunktion.
VIII, 163 pages. 4°. 1971. DM 16,–

Vol. 48: M. Constam, Fortran für Anfänger. VI, 143 pages. 4°. 1971. DM 16,–

Vol. 49: Ch. Schneeweiß, Regelungstechnische stochastische Optimierungsverfahren.
XI, 254 pages. 4°. 1971. DM 22,–

Vol. 50: Unternehmensforschung Heute – Übersichtsvorträge der Züricher Tagung von SVOR und DGU,
September 1970. Herausgegeben von M. Beckmann. IV, 133 pages. 4°. 1971. DM 16,–

Vol. 51: Digitale Simulation. Herausgegeben von K. Bauknecht und W. Nef. IV, 207 pages. 4°. 1971.
DM 18,–

Vol. 52: Invariant Imbedding. Proceedings of the Summer Workshop on Invariant Imbedding Held at the
University of Southern California, June – August 1970. Edited by R. E. Bellman and E. D. Denman.
IV, 148 pages. 4°. 1971. DM 16,–

Vol. 53: J. Rosenmüller, Kooperative Spiele und Märkte. IV, 152 pages. 4°. 1971. DM 16,–

Vol. 54: C. C. von Weizsäcker, Steady State Capital Theory. III, 102 pages. 4°. 1971. DM 16,–

Vol. 55: P. A. V. B. Swamy, Statistical Inference in Random Coefficient Regression Models.
VIII, 209 pages. 4°. 1971. DM 20,–

Vol. 56: Mohamed A. El-Hodiri, Constrained Extrema. Introduction to the Differentiable Case with
Economic Applications. III, 130 pages. 4°. 1971. DM 16,–

Vol. 57: E. Freund, Zeitvariable Mehrgrößensysteme. VII, 160 pages. 4°. 1971. DM 18,–

This series aims to report new developments in mathematical economics and operations research and teaching quickly, informally and at a high level. The type of material considered for publication includes:

1. Preliminary drafts of original papers and monographs

2. Lectures on a new field, or presenting a new angle on a classical field

3. Seminar work-outs

4. Reports of meetings

Texts which are out of print but still in demand may also be considered if they fall within these categories.

The timeliness of a manuscript is more important than its form, which may be unfinished or tentative. Thus, in some instances, proofs may be merely outlined and results presented which have been or will later be published elsewhere.

Publication of *Lecture Notes* is intended as a service to the international mathematical community, in that a commercial publisher, Springer-Verlag, can offer a wider distribution to documents which would otherwise have a restricted readership. Once published and copyrighted, they can be documented in the scientific literature.

Manuscripts

Manuscripts are reproduced by a photographic process; they must therefore be typed with extreme care. Symbols not on the typewriter should be inserted by hand in indelible black ink. Corrections to the typescript should be made by sticking the amended text over the old one, or by obliterating errors with white correcting fluid. Should the text, or any part of it, have to be retyped, the author will be reimbursed upon publication of the volume. Authors receive 75 free copies.

The typescript is reduced slightly in size during reproduction; best results will not be obtained unless the text on any one page is kept within the overall limit of 18 x 26.5 cm (7 x 10 ½ inches). The publishers will be pleased to supply on request special stationery with the typing area outlined.

Manuscripts in English, German or French should be sent to Prof. Dr. M. Beckmann, Department of Economics, Brown University, Providence, Rhode Island 02912/USA or Prof. Dr. H. P. Künzi, Institut für Operations Research und elektronische Datenverarbeitung der Universität Zürich, Sumatrastraße 30, 8006 Zürich.

Die „*Lecture Notes*" sollen rasch und informell, aber auf hohem Niveau, über neue Entwicklungen der mathematischen Ökonometrie und Unternehmensforschung berichten, wobei insbesondere auch Berichte und Darstellungen der für die praktische Anwendung interessanten Methoden erwünscht sind. Zur Veröffentlichung kommen:

1. Vorläufige Fassungen von Originalarbeiten und Monographien.

2. Spezielle Vorlesungen über ein neues Gebiet oder ein klassisches Gebiet in neuer Betrachtungsweise.

3. Seminarausarbeitungen.

4. Vorträge von Tagungen.

Ferner kommen auch ältere vergriffene spezielle Vorlesungen, Seminare und Berichte in Frage, wenn nach ihnen eine anhaltende Nachfrage besteht.

Die Beiträge dürfen im Interesse einer größeren Aktualität durchaus den Charakter des Unfertigen und Vorläufigen haben. Sie brauchen Beweise unter Umständen nur zu skizzieren und dürfen auch Ergebnisse enthalten, die in ähnlicher Form schon erschienen sind oder später erscheinen sollen.

Die Herausgabe der „*Lecture Notes*" Serie durch den Springer-Verlag stellt eine Dienstleistung an die mathematischen Institute dar, indem der Springer-Verlag für ausreichende Lagerhaltung sorgt und einen großen internationalen Kreis von Interessenten erfassen kann. Durch Anzeigen in Fachzeitschriften, Aufnahme in Kataloge und durch Anmeldung zum Copyright sowie durch die Versendung von Besprechungsexemplaren wird eine lückenlose Dokumentation in den wissenschaftlichen Bibliotheken ermöglicht.